DIE SPRACHE

DES BISCHOFS DOUGLAS VON DUNKELD

(VOCALISMUS UND CONSONANTISMUS DER REIMWÖRTER)

NEBST ANHANG:

ZUR ECHTHEITSFRAGE DES „KING HART"

VON

DR. HEINRICH GERKEN.

STRASSBURG.

VERLAG VON KARL J. TRÜBNER.

1898.

VON DER PHILOSOPHISCHEN FAKULTÄT GENEHMIGT AM
24. JULI 1897.

G. Otto's Hof-Buchdruckerei in Darmstadt.

MEINEM VATER

IN DANKBARKEIT

GEWIDMET.

VORWORT.

Bei sprachlichen Untersuchungen über schottische oder nordenglische Denkmäler sind schon öfter die Werke des Bischofs Gavin Douglas von Dunkeld zum Vergleich herangezogen worden. Eine zusammenhängende Darstellung, wie sie im folgenden gegeben ist, ist über die Sprache dieses Dichters noch nicht vorhanden. Vorliegende Arbeit beruht auf einer Untersuchung der Reime; auf die Wörter im Innern des Verses ist selten bezug genommen. Sie sucht den Lautstand der schottischen Sprache zu Anfang des XVI. Jh. darzulegen und zu gleicher Zeit den Einfluss zu zeigen, den die englische Sprache, die namentlich seit Chaucer die nördlichen Dialekte an Bedeutung weit überragte, auf die Sprache des Douglas ausübte.

Bei der Besprechung der aus dem Altenglischen und Altnordischen stammenden Reimwörter, welche unter denselben Rubriken behandelt sind, ist durchgehends, soweit nötig und aufschlussreich, auch der romanische Wortschatz des schottischen Dichters herangezogen worden. Aus der ursprünglich sehr umfangreichen Materialsammlung wurde für den Druck eine beträchtliche Anzahl Reime als unnützer Ballast ausgeschieden. Jedoch ist, abgesehen von solchen Fällen, wo es sich um bekannte, für den schottischen Dialekt ganz belanglose Dinge handelt, noch immer eine genügende und zwar möglichst vielseitige Anzahl von Belegstellen angegeben, um den Lautstand klar zu legen. Nur in wichtigeren Fragen wie z. B. in der Frage nach der Dehnung des ae.

i und *u* in offener Silbe und dergl. sind sämtliche gefundenen Reime aufgezählt. Häufig ist auch die verschiedene Schreibweise der Reimwörter angeführt worden, um zu zeigen, wie willkürlich und inkonsequent der Dichter oder die Schreiber mit der Orthographie umgingen.

Für die äussere Anlage der Arbeit hat ten Brinks Chaucers Sprache und Verskunst zum Vorbild gedient, insofern als der Versuch gemacht ist, die verschiedenen Reimsysteme des Vocalismus herauszuheben und zusammenzustellen. Beim Consonantismus erschien diese Methode nicht angebracht, da man sich hier zum grossen Teil nicht auf die Reime, sondern auf die Orthographie stützen musste. Um über die angegebenen Beispiele leichter eine Übersicht zu ermöglichen, sind sie alphabetisch geordnet. Wenn der Lautwert eines neuschottischen Vocals oder Wortes angegeben werden soll, so ist ihre Transscription nach Ellis' Vorgang in Klammern gesetzt. Zu Grunde gelegt ist die Ausgabe von Small (vgl. das Bücherverzeichnis). Die Reime sind citiert nach Bänden, Seiten und Zeilen dieser Ausgabe.

INHALT.

VERZEICHNIS DER AM MEISTEN BENUTZTEN WERKE.

Brandl: Thomas of Erceldoune. Berlin 1880. (Sammlung englischer Denkmäler, Band 2).

ten Brink: Chaucers Sprache und Verskunst. Leipzig 1884.

Curtis: An Investigation of the Rimes and Phonology of the Middle-Scotch Romance Clariodus. Anglia XVI, 387 ff., XVII, 1 ff., 125 ff., mit ausführlicher Bibliographie.

Ellis: On Early English Pronunciation. 5 vols. London 1867—1889.

Heuser: Verschiedene Aufsätze: Anglia XVII, 91 ff., XVIII, 114 ff., XIX, 319 ff., 398 ff., 405 ff., 409 ff.

Horneber: Über King Hart und Testament of the Papyngo. Programm. Straubing 1893.

Köster: Huchown's Pistel of Swete Susan. Strassburg 1895.

Luick: Untersuchungen zur englischen Lautgeschichte. Strassburg 1896.

Morsbach: Über den Ursprung der neuenglischen Schriftsprache. Heilbronn 1888.

Morsbach: Mittelenglische Grammatik. Erste Hälfte. Halle 1896.

Murray: The Dialect of the Southern Counties of Scotland. London 1873.

Sievers: Angelsächsische Grammatik. 2. Aufl. Halle 1886.

Small: The Poetical Works of Gavin Douglas. 4 vols. Edinburgh 1874.

Sweet: A History of English Sounds. Oxford 1888.

Sweet: A New English Grammar. Part I. Oxford 1892.

I. VOCALISMUS.

§ 1. *a*-Reime.

Quellen:

1) ae. an. *a* in offener Silbe: *last* (*latost*) : *fast* (*fæst*) II, 103, 20; in *latost* trat zuerst Syncope, dann Assimilation ein, anders Sweet, NEGr. § 1045; *mak* (*macian*) : *bak* (*bæk*) III, 337, 4; *mak* (*gemaca*) : *abak* IV, 124, 1; *slak* (*slacian*): *abak* II, 274, 15; *tak* (an. *taka*): *bak* II, 71, 4 etc. Nach Ellis haben *mak* und *tak* auch in den neuschottischen Dialekten gewöhnlich einen kurzen Vocal, D. 37 ist der halblange Vocal belegt. Nach Curtis (§ 5) sind die Formen mit (*a*) die echt schottischen, dagegen die mit Länge, welche auch bei Douglas vorkommen, z. B. *vndertaik* : *maik* (Subst.) : *saik* (*sacu*) : *laik* (frz. *laque*) : *waik* (*wác*) I, 23, 27, aus dem Englischen herübergenommen.

2) ae. an. *a* in geschlossener Silbe: *as* (*assa*) : *was* (*wæs*) III, 173, 8; : *fas* (*feax*) II, 169, 24; *as* (*asce*) : *was* III, 23, 17; *cast* (an. *kast* Subst.) : *fast* II, 275, 32; *cast* (an. *kasta* Vb.) : *fast* II, 48, 28; *vpcastis* : *fast is* IV, 91, 16; *claspit* (me. *claspen*, unsicherer Herkunft, vgl. NED.) : *gaspit* (? an. *geispa*) III, 168, 14; *gap* (an. *gap*) : *lap* (Praet.) III, 168, 7; *hap* (an. *happ*, vgl. ae. *ȝehæp*) : *crap* (Praet.) II, 81, 16; *knak* (an. *knakkr*) : *bak* IV, 224, 21; *pak* (an. *pakki*) : *lak* (? mnld. *lac* oder Sb. zu an. Adj. *lakr*) : *wrak* : *blak* III, 144, 3; *skarrit* (Prt. scheuten, ? Vb. von an. Adj. *skjarr* scheu) : *debarrit* III, 138, 6; *swak* (?) : *bak* III, 324, 15.

3) ae. an. *a* (*o*) vor Nasal, ausser vor *nd* : *can* : *than* (*đænne*) III, 146, 21; *can* (= *began*) : *than* II, 210, 15; *began*(*e*) : *than* III, 21, 14; 147, 10; *man* : *than* II, 133, 14; der Reim *man* : *bargane* (frz. *bargaine*) IV, 109, 2 muss als unrein gelten; *ran* : *than* II, 129, 17; *lam* (*lamb*) : *dam* (frz. *dame*) III, 251, 29; *lammys* : *dammys* III, 214, 7; trotz der dehnenden Consonantengruppe *mb* ist der Vocal kurz geblieben; auch heute hat dies Wort in Schottland Kürze; *rank* : *bank* II, 86, 15; IV, 74, 23; die Reime *donk* : *ronk* II, 155, 23; III, 238, 22; *ronk* : *slonk* IV, 53, 17 beweisen nichts für den Autor; *skant* (an. *skamt*) : *participant* III, 271, 19; *wan* (Prät.) : *Arisban* III, 229, 27; *want* (an. *vanta*) : *vigilant* I, 54, 4.

Ebenso gilt kurzes *a* vor *ng*. Hier ist keine Verdumpfung zu *o* wie in England eingetreten : *strang* : *fang* (an. *fanga*) III, 50, 29; *hang* : *sang* : *thrang* : *wrang* (ae. *wrang*, vgl. Brate, Beitr. X, 65) I, 41, 24; *strang* : *lang* : *amang* : *thrang* I, 61, 25; *strang* : *dang* (Prt. zu me. *dingen*, an. *dengja*) : *lang* I, 45, 28 etc. Auch schreibt Douglas in diesen Reimen immer *a*, im Gegensatz zu Clariodus, der häufig *o* aufweist (vgl. Curtis § 32). In den modernen schottischen Dialekten ist fast nur (*a*) belegt. Die wenigen Formen mit (*o*) sind auf englischen Einfluss zurückzuführen. Über die Aussprache des *g* am Schluss dieser Wörter lässt sich bei Douglas nichts ermitteln.

4) ae. *á* : *attir* (*átor*, später schon *attor*) : *wattir* (*wæter*) II, 160, 11. Die Kürzung des Tonvocals ist durch die flectierten Casus veranlasst (vgl. Morsbach, Gr. § 59, **Anm.** 2); *wak* (*wác*) : *blak* III, 75, 13; : *mak* (Inf.) III, 60, 4; : *spak* III, 40, 3. Hier wirkte die Tenuis *k* kürzend.

5) ae. *æ* in offener Silbe : *wattir* (*wæter*) vgl. 4). Ebenso haben heute die Dialekte Schottlands ein (*a*), ausser D. 34, dessen Länge auf ein msch. *ā* deutet (vgl. Morsbach, Gr. § 66 und Holthausens Kritik dazu, Lgrph. 1897, No. 5, S. 160).

6) ae. *æ* in geschlossener Silbe : *bak*, *abak* (*bæc*) : *lak* III, 308, 6; IV, 37, 26; *blak* (*blæc*) : *mak* (Inf.) IV, 129, 12; *fast* (*fæst*) : *past* III, 247, 12; *glas* (*glæs*) : *Jonathas* I, 58, 12; *sat* (*sæt*) : *plat* III, 347, 22; *spak* (*spæc*) : *stupifak* II, 262, 20; *thak* (*þæc*) : *mak* (Inf.) II, 95, 4; *than* (*þænne*) :

an II, 133, 13; daneben kommt ***then*** vor, z. B. ***then : den*** *denn)* III, 20, 21; *that (þæt) : grat* (Prät.) IV, 208, 4; *was wæs) : Eneas* II, 13, 22; *was it : passit* III, 164, 12; daneben at Douglas *wes*, z. B. *was* (lies *wes*) : *lyknes* IV, 153, 23; ein ist vielleicht zu sprechen in den Reimen *was : faice* (frz. *ace)* II, 56, 19; : *place* IV, 152, 23. Im Clariodus findet Curtis (§ 84) nur (*wĕs*) und (*wę̄s*) bezeugt. Die Reime bei Douglas deuten auf stimmlose Aussprache des *s*. Die nsch. Dialekte bieten in diesem Wort alle möglichen Laute von (*y*) is (*a*), aber immer mit stimmhaftem *s*.

7) ae. *ǽ* vor mehreren Consonanten: *blast* (*blǽst*, an. *lástr*) : *cast* III, 48, 10; *blastis : ourcastis* III, 260, 1. Zu *last* giebt es eine merkwürdige, sonst noch nicht belegte Nebenform *blist : thrist* (an. *þrýsta*) II, 87, 9; vgl. auch Morsbach, Gr. § 96, 2 b; *blast* (P. P. *blǽstan*) : *last* II, 86, 14; *gast* (*ágǽstan*) : *cast* II, 262, 18; *thrast* (Inf. *þrǽstan*) : *fast* V, 67, 8; ein *ĕ* liegt aber vor in dem Reim *threst* (P. P.) : *manifest* II, 41, 29 und ein *ę̄*, wie es scheint, in der Bindung *hraistis : traistis* (an. *treysta*) II, 36, 20.

8) ae. *e* in geschl. Silbe: *charrit* (*cerran*, ws. *cierran*) : *marrit* (*merran*, ws. *mierran*) : *skarrit* (? Vb. zu an. *skjarr*) : *misharrit* I, 13, 14; *rakkis* (*reccan*) : *makkis* IV, 196, 1; *ackis : backis* II, 91, 25; *rekkis* (lies *rackis*) : *wakis* II, 69, 15.

9) ae. *ea*, durch Brechung entstanden : *fas* (*feax*, vgl. Anglia, XV, 55 ff.) : *as* (*assa*) II, 169, 22; *ax* (*eax*) : *swakis* (?) IV, 59, 24; *ax* mit *ă* ist wohl aus dem Englischen entlehnt. Die echt schottische Form bietet der allerdings der Quantität nach ungenaue Reim *ax : strakis* IV, 19, 23, wo *ă* : *ę̄* reimt; nach Ellis hat es heute in Schottland ein kurzes geschlossenes *e*.

10) ae. *ea*, durch Palatalvorschlag entstanden: *begat* (ae. *ʒeat*, *g* von an. *geta*) : *plat* (frz.) III, 159, 17; *schak* (*sceacen*) : *tak* II, 52, 31; *schap* (*ʒesceap*) : *gap* (an. *gap*) III, 63, 22; *yschappit* (neugebildet nach dem Part. *sceapen* oder an. *skapa* mit anglisiertem Anlaut) : *vnlappit : happit* (Vb. zu an. *happ*) : *wappit : gnappit* I, 2, 21.

11) ? an. *ei* : *gaspit* (? an. *geispa*) : *claspit* III, 168, 13. Das Etymon kann kaum an. *geispa* sein, da sonst an. *ei* bei Douglas immer mit Länge erscheint.

12) Analogiebildungen: *crap* (Prät. zu *créopan*) : *hap* II, 81, 15; *lap* (Prt. zu *hléapan*) : *gap* III, 168, 8. Es sind Analogiebildungen nach der IV. und V. Klasse, vgl. *bar*, *băr*. Der stimmlose Verschlusslaut scheint kürzend gewirkt zu haben. Dieser Übertritt in eine andere Klasse wurde durch das Bestreben nach einer Differenzierung des Präs. und Prät. begünstigt (Curtis § 284); *grat* (Prt. *grétan*) : *that* IV, 208, 3; *grat* ist eine Analogie nach den andern Verben, die im me. doppeltes Prät. haben, z. B. *drēden* Prt. *dredde*, *dradde*, me. *lēden* Prt. *ledde*, *ladde*, me. *swēten* Prt. *swette*, *swatte* etc. So wurde von me. *grēten* das Prät. *grette* und *gratte* gebildet. Bei Chaucer kommt nur *grette* vor, vgl. ten Brink, Ch. Spr. § 165 f.

§ 2. *and*-Reime.

Hierher gehören die Wörter *band*, *brand*, *hand*, *husband* (ae. *húsbónda*), *land*, *sand*, *stand*, *wand* (an. *vǫndr*, Gen. *vandar*). Sie reimen unter sich, auf die Endung des Part. Präs. *-and*, wie sie im Norden gebräuchlich ist, und auf Wörter franz. Herkunft wie *command*, *galland*, *giand* etc. Einige Beispiele mögen genügen: *comfortand* : *stand* : *hand* : *sand* I, 8, 16; *commandis* : *seruandis* : *gallandis* : *standis* : *handis* I, 28, 13; *command* : *ganestand* : *inclinand* : *hand* : *band* I, 39, 3 etc. Orthographisch zeigt sich in den Reimen keine Veränderung des *a*. Nur im Versinnern findet sich die Schreibung *aynd* (an. *andi*) II, 219, 30; *aynding* II, 268, 6; *fayndis* (*fandian*) citiert bei Heuser, Anglia XIX, 403; der dehnenden Consonantengruppe wegen ist wohl überall Länge anzunehmen. Dafür sprechen auch die Listen von Ellis, in denen für die schottischen Dialekte diese Wörter gewöhnlich mit Länge (AA) neben gelegentlicher Kürze angegeben sind. Für den Schwund des *d*, wie ihn Ellis in *land* und *hand* für das Neuschottische häufig belegt, bietet Douglas keine Beispiele.

§ 3. *all-*, *ald*-Reime.

Wie die Orthographie *cauld* II, 206, 32 oder *tawld* : *hauld* II, 41, 7 etc. und die gelegentliche gänzliche Vocalisierung des *l* zeigt, entwickelte sich zwischen *a* und *l* ein Gleitelaut *u*. Quellen dieses Lautes sind:

1) ae. *æ* : *pall* (*pæl*) : *all* IV, 53, 31; *small* (*smæl*) : *all* II, 33, 6; aber ein *ę* hat es in dem Reim *small* : *damysaill* (frz.) IV, 14, 23 entsprechend me. *smāl* mit dem gedehnten *a* der flect. Casus, vgl. Luick, Anglia Beibl. VII, 174; *stall* (Prt. *stæl*) : *rationall* I, 10, 3.

2) ae. *ea* : *all* (*eall*) : *celestiall* I, 17, 19; *withall* : *infernall* IV, 160, 31; *ald* (*eald*) : *wald* (wollte, nordh. *walde*) III, 257, 32; *bald* : *wald* III, 158, 15; *call* (*ceallian*) : *celestiall* II, 263, 9; *cald* : *wald* II, 97, 13; *fall* (Sb.): *principall* II, 67, 4; *fall* (Vb.): *naturall* I, 8, 2; *mony fald* : *wald* II, 239, 25; *hall* : *small* II, 195, 18; *hald* (Sb.): *wald* II, 123, 26; *hald* (Vb.) : *wald* II, 95, 1; *behald* : *wald* : *tald* : *ald* : *bald* I, 22, 7; *sall* (*sceall*) : *bellicall* IV, 19, 4; *salt* (*sealt*) : *exalt* (frz.) II, 128, 17; *tald* (Prät. u. Part.): *wald* II, 204, 2; IV, 32, 3; *wall* (*weall*) : *nocturnall* IV, 80, 24. Ganz verstummt ist *l* in den Reimen *befaw* (*feallan*) : *schaw* (P. P. *scéawian*) III, 210, 28; *wythaw* (*eall*) : *owtdraw* (*dragan*) IV, 122, 24; *scawde* (frz. **escalder*) : *lawde* (lat. *laudem*) II, 11, 16; *walkis* (*wealcan*) : *paukis* : *talk is* : *baulkis* (*balca*) III, 145, 1; *wallis* : *blawis* II, 31, 16; *withhad* (*healdan*) : *defraud* II, 197, 8. — Neuschottisch ist *l* dort, wo es im Wort-Auslaut stand, überall verstummt. In den Wörtern mit *ld* können entweder beide Consonanten gesprochen werden oder es kann *l* verstummen oder es kann *d* abfallen, so dass z. B. ae. *eald* als (AAld), (AAd) und (AAl) erscheint. Vor *t*, z. B. in *salt*, sprach Douglas noch das *l*. Aber heute ist es auch in dieser Stellung vocalisiert worden.

§ 4. *aucht*-Reime.

Quellen:

1) ae. *ǽ* + *ht*, später gekürzt: *ourraucht* (*rǽhte*, *gerǽht*) : *caucht* (me. *cahte*) II, 244, 32; III, 338, 11; : *wyndflaucht* IV,

133, 32; *wmberaucht* : *caucht* III, 12, 20; *taucht* (*tǽhte, getǽht*) : *caucht* IV, 123, 14; : *aucht* (*ǽht* Besitz) II, 127, 1; *betaucht* : *caucht* IV, 153, 25.

2) me. *a* + *ht*, vgl. 1).

3) ae. *æ* + *ht* : *saucht* (*sæht*) : *taucht* II, 91, 22; *onsaucht* : *claucht* IV, 116, 3; *straucht* (*stræht*) : *clawcht* (me. *claht*) III, 251, 23; : *betaucht* IV, 110, 25; *vpstraucht* : *betaucht* IV, 63, 22 und im Versinnern *auchtin* (Prät. Plur.) IV, 1, 5 und *auchten* (= *eight*) II, 20, 15.

Wie in England entwickelte sich also auch in Schottland zwischen *a* + *ht* ein *u*. In eingehender Weise hat Curtis (§§ 58—71) diese Frage behandelt und nachgewiesen, dass in der schottischen Litteratur überall ein Unterschied gemacht wird in der Behandlung von *a* + *ht* und *o* + *ht*, die in England eine gleichmässige ist. Bei *o* + *ht* entwickelt sich in Schottland nämlich kein *u*. Aber mit Recht hat Curtis zugleich darauf aufmerksam gemacht, dass die modernen schottischen Dialekte sich nicht ganz damit vereinigen lassen. Zwar deutet nach Murray (DSS. S. 88, Anm.) der für ne. *eight, straight, draught, taught* in Central-Schottland belegte Vocal auf msch. *au* zurück. Doch giebt Ellis *eight* und *taught* mit Kürze an; *eight* hat nur D. 41 Länge; *straight* ist D. 35, 36, 39 mit Länge belegt. Dagegen erscheint ae. *áhte* heute in Schottland als (*okht*), weicht also durchaus von der gewöhnlichen Entwickelung ab. Für ne. *taught* belegt Ellis D. 35 (*tokht*), bemerkt aber dabei, dass diese Aussprache nur in der Schule vorkommt, also nicht der Volkssprache angehört.

§ 5. *aw*-Reime.

Quellen:

1) ae. *a* + *g*: Die Entwickelung ist hier dieselbe wie in England. Der durch Vocalisierung des *g* entstandene Diphthong *au* wird später zu dem Monophthong (AA), der nach Ellis heute üblich ist und wohl schon im XVI. Jh. gesprochen wurde, z. B. *aw* (an. *agi*) : *knaw* (*cnáwan*) I, 48, 21; *daw* (Singl. nach *dagas*, me. *dawes*, bei Stratm. Bradl. nicht belegt, vgl. jetzt NED.): *knaw* II, 72, 32; : *thraw* I, 63, 23;

draw (*dragan*) : *thraw* III, 91, 29; : *saw* (frz. *sauver*) IV, 65, 9; *drawis* : *blawis* III, 145, 4; *gnaw* (*gnagan*) : raw III, 323, 20; *law* (*lagu*) : *blaw* II, 51, 13; *maw* (*maga*) : *beknaw* II, 92, 11; *saw* (*sagu*) : *blaw* : *knaw* : *law* : *aw* I, 38, 2; : *saw* (P. P. *sáwan*) II, 164, 10.

2) ae. an. *á* + *g*: *law* (Vb. zu an. *lágr*) : *knaw* IV, 4, 4; *thraw* (*þrág*) : *ourblaw* III, 168, 3; : *slaw* (*sláw*) IV, 109, 11.

3) ae. *á* + *h*: *faw* (*fáh* bunt) : *schaw* (*sceaga*) III, 194, 4.

4) ae. *á* + *w*: Beispiele siehe unter 1) und 2). Die Entwickelung unterscheidet sich dadurch von der in England, dass in Schottland der *ā*-Laut erhalten bleibt, während in England Verdumpfung zu *ǭ* eintrat, wodurch der Diphthong *ǭu* entstand.

5) ae. *æ* + *h*: *saw* (*sæh*, ws. *seah*, me. *sah*, *saugh*) : *aw* (an. *agi*) II, 137, 31 etc.

6) ae. *éa* + *w*: *schaw* (*scéawian*) : *raw* : *saw* : *knaw* : *aw* I, 48, 15 etc. Durch Accentverschiebung (Sweet, HES. § 680) wurde der fallende Diphthong zu einem steigenden. Dann wurde *e* absorbiert, so dass eigentlich Selbstreime vorliegen. Eine andere Erklärung siehe bei Curtis § 293.

7) ae. *ea* + *g*: *schaw* (*sceaga*) : *blaw* III, 171, 30; *schawis* : *rawis* III, 54, 31.

8) ae. *ea* + *l*: vgl. oben die *all*-Reime § 3, 2) Seite 5.

9) Analogiebildung: *flaw* (Praet. zu *fléogan*) : *law* (an. *lágr*) II, 191, 4; *flaw* lässt sich nicht aus dem bei Orrm belegten *flǣh* (vgl. Sweet, HES. S. 354 unter 1738) ableiten, sondern stammt vielleicht aus an. *flaug*. Die bei Douglas gewöhnlich gebrauchte Form heisst *flew*.

Hier mag auch der Reim *gawd* (? *gád*) : *frawd* III, 284, 1 angeführt werden. Das Etymon ist dunkel; ae. *gád* kann es aus lautlichen Gründen nicht sein. Dem Sinn nach würde es passen.

§ 6. *ā*-Reime (gespr. *ę̄*).

Quellen:

1) ae. an. *a* in offener Silbe: ae. *a* in off. Silbe wurde etwa in der ersten Hälfte des XIII. Jh. gedehnt zu *ā* (Morsbach,

Gr. § 64) und fiel daher in Schottland mit ae. *á* zusammen: ***aip*** (*apa*) : ***graip*** (***grápian***) I, 29, 8; ***bayth*** (***badian***) : *bayth* (an. *bádi*) IV, 148, 31; *cair* (*caru*) : ***mair*** (***mára***) III, 37, 23; *crayf* (*crafian*) : *laif* (*láf*) III, 86, 32: *fair* (*faran*) : *squair* (frz. *esquarré*) II, 232, 8; *weilfair* (Sb.) : *euermair* II, 77, 28; *gapyt* (an. *gapa*) : *eschapyt* (frz.) III, 242, 27; *gait* (an. *gata*) : *hate* (*hát*) II, 243, 8; *ingraue* (P. P.) : *laue* (*láf*) I, 24, 26; *haif* (*hafu*) : *laif* II, 242, 20; *haue* : *draue* (Praet.) II, 135, 11; *knaip* (*cnapa*) : *eschaip* (frz.) III, 251, 19; *laik* (*lacu*) : *perbraik* III, 36, 12; *lame* (*lama*) : *hame* (*hám*) III, 116, 27; *lait* (*late* Adv.) : *wait* (*wát*) I, 27, 25; *maid* (Praet. u. P. P.) : *baid* (Sb.) III, 95, 14; : *braid* (*brád*) IV, 212, 7; *maik* (*gemaca*) : *laik* : *waik* (*wác*) I, 23, 24; *mait* (? *gemaca*) : *wait* I, 47, 22; *name* (*nama*) : *hame* II, 157, 3; *raith* (*hrade*) : *ayth* (*ád*) III, 107, 5; *saik* (*sacu*) : *straik* (Praet.) I, 59, 21; *scaith* (an. *skadi*) : *baith* II, 70, 9; *scraipe* (an. *skrapa*) : *eschaipe* (frz.) IV, 183, 25; *snair* (an. *snara*) : *sair* I, 39, 22; *spayr* (*sparian*) : *mar* (*mára*) IV, 164, 31; *star* (= an. *størr*, Gen. *starar*, Riedgrass, Strandrohr, noch jetzt ein engl. Dialektwort, vgl. Anglia XX, 122) : *glar* (Sb. zu me. *glaren*?) III, 36, 16; *stayr* (Sb. zu *starian*) : *mayr* IV, 18, 22; *tayne* (P. P.) : *ane* III, 101, 20; *tail* (*talu*) : *hail* (*hál*) II, 8, 32; *wraik* (*wracu*) : *straik* (Praet.) I, 59, 25; *wane* (an. *vani*) : *stane* II, 236, 17.

Bei Douglas lag aber der *ā*-Laut nicht mehr vor. Von dem Grammatiker Smith wird 1568 festgestellt, dass die Schotten *ā* wie *ę̄* sprächen, vgl. Luick, Unters. §§ 235. 260. 287 und die Tabelle S. 203. Diese Erhöhung lässt sich bedeutend früher nachweisen. Eine Reihe wenn auch der Quantität nach nicht ganz genauer Reime bei Douglas ist nur in diesem Sinne zu deuten und sie berechtigen uns, als Lautwert etwa *ę̄* anzusetzen, wenn auch in Wirklichkeit diese Stufe vielleicht noch nicht ganz erreicht war, z. B. *ar* (*aron*) : *bayr* (*beran*) III, 254, 27; *er* (*aron*) : *Jupiter* III, 139, 31; *cair* (*caru*) : *ferriar* (*-ere* Suffix) I, 62, 19; *fair* (*faran*) : *marynair* II, 126, 11; : *ferriar* (*-ere* Suffix) I, 62, 15; *weilfair* (Sb.): *dangeir* (frz.) I, 40, 20; *gait* (an. *gata*) : *meit* (*mete*) I, 33, 2; *gatis* : *tergettis* (frz. *targette*) III, 133, 26; *grais* (frz. *grace*) : *craftineis* II, 13, 26; *hayr* (*hara*) : *ayr* (frz. *air*) III, 251, 25; *haith* : *braith* (*brǽd*) II, 52, 21; *has* : *expres* III, 51, 18; *hes* : *addres* II, 53, 25; 152, 14; IV, 223, 6; : *les* (frz. *laisse*) IV, 139, 21; : *saikles* (-*léas*) III, 37, 13; *place* (frz.) : *goddes* II, 81, 11; 102, 6; *spair* (*sparian*) : *strangeair* (frz.) II, 120, 27; *stair* (*starian*) : *huntair* I, 19, 21; : *mater* (frz. *matière*) IV, 171, 23; *snair* (an. *snara*) : *dangair* I, 39, 22.

2) ae. *a* in geschl. Silbe: *wame* (*wamb*) : *fame* (lat. *fama*) II, 145, 25; *mb* dehnte den kurzen Laut (anders bei *lamb*). Im nsch. hat *wamb* denselben Vocal wie die Wörter mit ae. *a* in offener Silbe. Ellis belegt es D. 35.

3) ae. *á*: Wie schon unter 1) erwähnt, nimmt ae. *á* in Schottland nicht teil an der Verdumpfung, die den Laut südlich des Humber ergreift (Morsbach, Gr. § 135 f.), sondern bleibt zunächst als *ā* erhalten und bildet dadurch eins der wichtigsten Kriterien des nordh. Dialekts. Über die schottische Orthographie *ai*, *ay* für ae. *á* und die damit zusammengefallenen Laute vgl. die ausführliche Darstellung bei Morsbach, Gr. § 136, Anm. 3 f., die durch die Orthographie bei Douglas durchaus bestätigt wird. Anders Heuser, Anglia XVII, 91 ff., Anglia XIX, 409 ff. gegen Morsbach. Heusers Ausführungen erklären nicht, weshalb man gerade *i* genommen hat, um die Länge zu bezeichnen. Wenn ein Zusammenfall von org. *ai* aus ae. *æ* + *g*, *e* + *g* und ae. *á* nicht der Grund gewesen sein soll, so lag es näher, immer ein *e* als Zeichen der Länge zu verwenden.

Beispiele für die Nicht-Verdumpfung des *á* siehe unter 1) 4) 5) etc. Wichtiger sind die folgenden, oft ungenauen Reime, die auf Erhöhung des Lautes zu *ę̄* deuten: *gair* (*gára*) : *swair* (*swéora*) I, 10 ,19; *har* (*hár*) : *char* (*cerr*, *cierr*) III, 78, 12; *lard* (*hláford*) : *fard* (*ferd*, ws. *fierd*) II, 274, 19; IV, 159, 5; *mair* (*mára*) : *altair* (ae. *alter*, *altare*) II, 139, 17; *mayr* : *dangeyr* III, 190, 18; ähnlich III, 35, 14; III, 169, 8; III, 280, 5; *euirmair* : *swair* (*swéora*) II, 26, 18; *rair* (*rárian*) : *altair* II, 81, 5; *sair* (*sár*) : *dangair* (frz). I, 39, 24; : *lufair* (-*ere*) II, 180, 5; *sary* (*sárig*) : *tary* (*tergan*, *tiergan*) I, 4. 27; : *tary* (Sb. zu *tergan*) III, 3, 6; *wait* (*wát*) : *violate* (*violet*) I, 10, 27; *wrait* (Praet.) : *regrait* (frz. *regret*)

1, 32, 13. Die beiden Reime *ane* (*án*) : *sangwane* (frz. *sanguin*) IV, 83, 20 und *schane* (*scán*) : *sanguane* III, 82, 3 sind wohl durch einen Suffixwechsel in *sanguin* zu erklären.

Die nsch. Dialekte haben für ae. *á* in der Regel (ę̄). Nur in den nördlichen Dialekten Schottlands belegt Ellis öfters (ę̄), dann aber findet sich der offene Laut ebenso wohl vor andern Consonanten als vor *r*. Dem *r* ist also kein Einfluss auf die Erhaltung der Qualität zuzuschreiben.

4) ae. *æ*: *bair* (*bær* Adj.) : *sair* I, 26, 12; *blayd* (*blæd*) : *invaid* (lat. *invadere*) IV, 122, 3; *glaid* (*glæd*) : *baid* (Subst.) II, 35, 18; *graif* (*græf*) : *laif* (*láf*) II, 225, 6; *quhale* (*hwæl*) : *taile* (*tægel*) II, 145, 15; *small* (*smæl*) : *damysaill* (frz. *damisele*) IV, 14, 23. In diesen Wörtern geht die Entwickelung von den flectierten ae. Formen aus, die ein *a* in offener Silbe hatten.

Ferner gehören noch folgende Praeterita und Part. Perf. hierher: *bair* (*bær*) : *mair* I, 22, 16 (vgl. Sweet, HES. S. 280 unter 18); *gaif* (*ȝæf*) : *laif* (*láf*) III, 97, 26; *had* (*hæfde*, me. *hadde* u. *hāde*) : *baid* (Praet.) II, 50, 31; *perbraik* (Praet. *bræc* übertr. auf das P. P.) : *laik* (*lacu*) III, 36, 12.

Für *had* (und das Adj. *sad*) nimmt Curtis (§ 91) doppelte Aussprache mit Länge und mit Kürze an. Bei Douglas deuten die Reime nur auf Länge. Allerdings wird im Reime immer *had* (nur einmal *haid* P.P. II, 102, 28), dagegen ae. *glæd* immer *glaid*, *glayd* mit dem Längezeichen *i*, *y* geschrieben.

5) ae. *æ* + *g*: *braid* (*brægd*) : *abaid* (Sb.) II, 75, 6; *brane* (*brægen*) : *wane* (an. *vanr* leer) II, 3, 20; *day* (*dæg*) : *wallaway* (*wá lá wá*) IV, 25, 31, auch *da* geschrieben, z. B. *da* : *Equicola* III, 135, 28, um Augenreim (Morsbach, Schriftspr. S. 101) herzustellen; *dais* : *wais* (*wá*) II, 116, 16; *fane* (*fæȝen*) : *ane* IV, 4, 18; *fair* (*fæȝer*) : *mair* (*mára*) I, 22, 23; *lay* (*læg*) : *tuay* (*twá*) III, 265, 16; oder in Anlehnung an das Reimwort *la* : *Ida* II, 124, 32; *may* (*mæg*) : *ay* (an. *ei*) IV, 195, 29; *maid* (*mægden*) : *abaid* (Praet.) IV, 54, 15; *mane* (*mægen*) : *allane* I, 58, 17; *nalis* (*nægl*) : *skalis*

(frz.) IV, 68, 21; *said* (Praet. u. P. P.) : *abaid* (Sb.) II. 205, 6; 267, 8; *slane* (*slægen*) : *ane* II, 134, 7; *taile* (*tægel* : *quhale* (*hwæl*) II, 145, 16; *wanis* (*wægn*) : *atanis* (*án*) IV, 19, 29. Auf eine *ę̄*-Aussprache deuten die Reime *fair* (*fæȝer*) : *huntair* (me. *huntere*) I, 19, 22; : *luwair* (me. *lovere*) II, 41, 23; : *riuair* (frz.) I, 42, 14.

In der Diphthongierung des ae. *g* hinter *æ* gehen Schottland und England Hand in Hand, unterscheiden sich aber dadurch von einander, dass schon in einigen der ältesten schottischen Denkmäler, z. B. in Barberes Bruce und den schottischen Legenden (Morsbach, Gr. § 136, Anm. 3, mit aller Litt.), der Diphthong *ai* monophthongiert erscheint und mit msch. *ā* (< ae. *á*, ae. *a* in off. Silbe etc.) zusammenfällt. Dieser Übergang, der vielleicht in der ersten Hälfte des XIV. Jh. stattfand (vgl. Luik, Unters. § 369), ist ein Hauptkriterion des schottischen Dialekts. Das Resultat der Monophthongierung war nach Murray (DSS. S. 52), der diese Lautveränderung auf keltischen Einfluss (anders Luick, Unters. § 375) zurückführen wollte, und nach Morsbach (a. a. o.) ein *ā*, nach Fick (Zur Perle S. 26) ein *ę̄*. Auch Curtis (§ 135 ff.) vertritt hauptsächlich aus phonetischen Gründen die Ansicht, dass der Zusammenfall auf der *e*-Stufe stattgefunden habe, wenn er auch Murrays Ansicht nicht für unmöglich hält. Nach Curtis haben sich die Übergänge folgendermassen abgespielt:

ae. *æ* + *g* > *ai* }
ae. *e* + *g* } > *ei* } *ei* > *ę̄*.
an. *ei* }

Die bisherige Ansicht war folgende:

ae. *æ* + *g* > *ai* }
ae. *e* + *g* } > *ei* } *ai* > *ā* > *ę̄*.
an. *ei* }

(vgl. ferner noch Luick, Unters. §§ 215. 282 ff. und die Tabelle S. 203; Archiv 98, 436 für Morsbach; Heuser, Anglia XIX, 409 ff. gegen Morsbach). Zwar hat Curtis' Hypothese viel Bestechendes für sich, aber für die andere Ansicht lassen sich doch mehrere beachtenswerte Punkte anführen: 1) *ei* und *ai* werden oft, namentlich im Norden, in der Schrift mit einander verwechselt und zwar meistens zu Gunsten des *ai* (vgl. Sweet, HES. § 706; ten Brink, Chaucers Spr. § 40). Nach Curtis' Hypothese sollte man eher das Gegenteil erwarten. 2) Der Übergang von *ei* zu *ai* ist im Süden Englands sicher belegt (Curtis § 152), und deshalb, weil die Veränderung der Laute in England und Schottland gewöhnlich in derselben Richtung vor sich geht, auch in Schottland möglich. 3) Der Übergang von *ei* > *ā* lässt sich in den nsch. Dialekten nachweisen. Ellis belegt für später diphthongiertes msch. *ī* im Auslaut öfter (*a*), (*aa*); ae. *ic*, *bí*, *mín* erscheinen als (*a*), (*baa*), (*máa'*) Dial. 35. Ähnlich ist es D. 30. 22. 24 (Luik, Unters. § 26). Man müsste nach Curtis' Ansicht auch für die mit *ai* reimenden Laute anderer Herkunft den Lautwert *ę̄* schon für das XIV. Jh. ansetzen. Das erscheint doch recht früh. 5) Man würde erwarten, in den älteren schottischen Denkmälern häufiger *ai* mit den ae. *ǽ*, *éa*, *ē* in offener Silbe entsprechenden Lauten im Reime gebunden zu finden, als es der Fall ist. Zwar wären es keine genauen Reime, aber so gut, wie sich die Dichter des XVI. Jh. solche Freiheiten gestatten, müssten sie im XV. Jh. zu finden sein. 6) Auch die Orthographie darf nicht ganz unberücksicht bleiben. Bei einer *ę̄*-Aussprache hätte man jedenfalls in den schottischen Denkmälern öfter *e* nach englischer Orthographie (nicht *a*, *ai*) geschrieben.

Aber wie dem auch sei, für Douglas haben wir zweifellos die erhöhte *ę̄*-Aussprache anzunehmen. Später ging der Laut weiter zu *ẹ̄*, welches in den nsch. Dialekten gewöhnlich von Ellis belegt wird. In D. 33 überwiegt der halblange Vocal, in den andern herrscht durchgehends Länge; ae. *dæg* hat daneben die diphthongische Aussprache (*déi*) D. 37. 39. Aber ae. *sægde*, erscheint als (*sed*), (*sid*) mit Kürze, die sich durch die Stellung in den kurzen eingeschobenen Sätzen erklärt, wo mit dem Ton zugleich die Länge verloren ging.

6) ae. *ǽ* : *air* (*ǽr*) : *sair* (*sár*) II, 179, 29; : *snair* (an. *snara*) IV, 7, 12; : *cartar* (-*ere*) IV, 141, 17; *ayr* : *fayr* (*faran*) III, 218, 26; *eir* : *appeir* (frz.) II, 210, 20; *langere* : *deyr*

(*déor*) IV, 142, 2; : *deir* IV, 142, 13; ***hair*** (*hǽr*) : ***gair*** (*gára*) I, 10, 22; : ***cair*** (*caru*) I, 51, 27; : ***mair*** I, 22, 20; : ***declair*** (frz.) II, 238. 14; : *butlair* (frz. *bouteillier*) : ***thair*** I, 70, 2; ***haris*** : ***saris*** III, 151, 23; ***rais*** (*rǽs*) : ***hais*** (*hás*) II, 276, 28; : ***chaice*** (frz. *chace*) II, 259, 4; : ***face*** (frz.) III, 337, 5; : ***place*** III, 189, 24 etc.; *slatit* (*slǽtan*) : *waitit* (frz.) : *batit* (an. *beita*, ae. *bǽtan*) : ***translatit*** (frz.) I, 14, 16; ***thraistis*** (*þrǽstan*) : *traistis* (an. *treysta*) II, 36, 20. — Da es sich hier in gleicher Weise um *ǽ* vor *r* wie vor andern Consonanten handelt, kann die Erhaltung der offenen Qualität nicht einem *r*-Einfluss zugeschrieben werden.

Hier mögen auch die Wörter ae. *ðǽr*, *hwǽr*, *wǽre*, *wǽron* angeführt werden. Ihre Entwickelung in Schottland geht aber nicht von diesen Formen aus, sondern von den spätws. *hwár*, *ðár* (Sievers, Gr. § 321, Anm. 2; Morsbach, Schriftspr. S. 46). Auch zu *wǽre*, *-on* muss es, wie das me. zeigt, Nebenformen mit *á* (vgl. an. *várum*, ten Brink, Chaucers Spr. § 49, Anm. 1) gegeben haben. Die wichtigsten Reime bei Douglas sind folgende: *quhair* : ***mair*** II, 186, 11; ***quhayr*** : ***ayr*** (*ǽr*) IV, 171, 6; ***quhar*** : *keipar* (*-ere*) II, 132, 17; ***alquhar*** : ***inhabitar*** IV, 52, 19; ***thair*** : ***mair*** II, 42, 9; : ***altayr*** (*alter*) III, 162, 21; : ***butlair*** I, 70, 1; : ***bair*** (*beran*) II, 260, 32; ***thayr*** : ***ayr*** (*ár*) III, 303, 4; ***thar*** : ***mair*** II, 183, 1; : ***stalkar*** II, 179, 13; ***thare*** : ***ware*** (*waru*) III, 236, 21; ***thaire*** : ***ballingaire*** (frz. *ballinger*) II, 68, 20; ***tharis*** : ***airis*** (*ár*) II, 275, 3; ***wair*** : *sair* : ***declair*** (frz.) I, 55, 1; ***war*** : ***mar*** III, 248, 11; : ***Jupiter*** III, 88, 14, ***ware*** : *declare* (frz.) II, 154, 2; ***wer*** : ***cheir*** (frz. *chere*) IV, 190, 14; : ***heyr*** (*hér*) III, 94, 2; ***weir*** : ***seir*** (an. ***sér***) II, 208, 16; ***were*** (für *wæs*) : ***seyr*** (an. ***sér***) IV, 213, 14.

Geschrieben werden sie also bei Douglas in der verschiedensten Weise. Gesprochen wurde in *quhair* und ***thair*** immer *ę̄*, möglicherweise zuweilen mit Kürze. In ***wair*** ist daneben auch die Aussprache mit *ẹ̄* gesichert.

Über den Sprachgebrauch der andern schottischen und nordengl. Denkmäler vgl. Brandl, Th. v. Erc. S. 55 f. und vor allem Curtis §§ 195—211. Zu den von Brandl öfter belegten und durch den Reim gesicherten Formen mit *o* lassen sich bei Douglas keine Parallelformen anführen, auch zeigen die heutigen Dialekte keine Spur mehr davon. Heute hat in Schottland *there* fast nur (ę); *where* hat D. 33—35 (ę), D. 35—42 (a); *were* hat (ę), (ĭ), welches dem (ę̆) des XVI. Jh. entspricht, und auch (ă).

7) ae. *ǽ + g* : *gray* (*grǽg*) : *tway* (*twá*) II, 257, 19; : *ay* (an. *ei*) II, 261, 24; *stair* (*stǽȝer*) : *cair* (*caru*) : *air* (frz.) I, 72, 22. Die nsch. Dialekte haben in *grǽg* ein (ę̆), wie zu erwarten ist; *stǽȝer* ist nicht bei Ellis belegt.

8) ae. an. *e + g* : *aillis* (*eglan*) : *beuaillis* (von an. *vǽla*) I, 9, 9; *braid* (Angriff, Sb. zu *bregdan*, viell. unter d. Einfl. von an. *bragđ*, NED.) : *evayd* (lat.) III, 251, 2; *frane* (an. *fregna*) : *bane* (*bán*) III, 113, 26; *agane* (*ongegn*) : *ane* II, 106, 28; *aganis* : *stanis* III, 267, 15; *lais* (*lecgan*) : *assayis* (frz.) III, 253, 13; *laid* (Prt. u. P. P.) : *bayd* (*bád* Sb.) IV, 136, 18; : *braid* (*brád*) II, 110, 24; *lair* (*leger*) : *war* (*wǽron*) III, 165, 12; *play* (*plega*) : *tway* II, 187, 20; *playis* (Vb.) : *layis* (frz. *lai*) I, 20, 28; *rane* (*regn*) : *allane* II, 185, 24; *say* (*secgan*, me. *seie*) : *sla* (nordh. *slá*) III, 246, 28; *sa* : *Phrygia* II, 56, 27; *sane* (NB. mit *n*) : *pane* (frz. *peine*) III, 4, 27; *says* : *spais* (frz.) III, 340, 6; *saith* (mit südlichem *th*) : *waith* (*wáđ*) III, 3, 27; *saill* (*segl*) : *haill* (an. *heil*) II, 154, 8; *twane* (*twegen*) : *stane* II, 182, 29; *way* (*weg*) : *twa* III, 272, 23; *alway* : *tuay* IV, 118, 27; *away* : *hay* (*há*) III, 25, 27; *forvay* (Vb.) : *nay* (an. *nei*) II, 169, 19. Es ist beachtenswert, dass, während das Simplex ae. *weg* nsch. regelmässig weiter geht zu ę̆ oder daneben eine leicht diphthongische Aussprache hat, das Compositum ae. *onweg* heute einen *a*-Laut in verschiedener Färbung bis zum dumpfen (AA) herab aufweist (vgl. Murray, DSS. S. 240 ff. in den Dialectical Specimens für die Central Group und die North-eastern Group; Curtis § 163).

9) ws. *ea* in offener Silbe : *baill* (*bealu*) : *alhaill* (*hál*) IV, 96, 5; *schame* (*sceamu*) : *fame* (*fám*) II, 24, 16; *schaik* (*sceacan*) : *straik* II, 70, 19; *schaip* (neugebildeter Inf. nach dem P. P. ae. *sceapen*) : *eschape* (frz.) III, 250, 6; *mischaip* (P. P.) : *graip* (*grápian*) II, 160, 1; *ȝait* (*gatu*, ȝ vom Singl.

ȝeat auf den Plural übertr., vgl. Curtis § 259) : *mait* (? *gemaca*) II, 111, 4. Sonst heisst bei Douglas „Thor“ *ȝett*.

10) ae. *eo* : *fayr* (*feor*) *squayr* (frz. *esquarré*) III, 165, 2; : *ayr* (frz. *air*) III, 269, 3; *far* : *ar* (*aron*) II, 130, 32; : *war* (*ȝewær*) II, 156, 13; : *contempnar* (*-ere*) III, 149, 16; : *nar* (*néar*) III, 335, 31; : *Jupitar* II, 125, 21; *fer* : *ner* (*néar*) III, 156, 1; : *Jupiter* II, 43, 7. Die nsch. Aussprache mit (*a*) beruht wohl auf englischem Einfluss, da das schottische *r*, welches von dem englischen verschieden ist, nicht so stark den vorhergehenden Vocal beeinflusste wie das letztere. Eine andere Erklärung des (*a*) — durch einen zweiten nordischen Einfluss — siehe bei Curtis § 327.

11) ae. *éo* : *swair* (*swéora*) : *gair* (*gára*) I, 10, 18; : *euirmair* II, 26, 17; *swéora* stellt sich also ganz zu ę̄, obwohl man ē̦ erwarten sollte, oder es sind ungenaue Reime.

12) an. *ei* : *ay* (*ei*) : *way* (*weg*) I, 75, 17; *granis* (*grein* Zweig, Ast): *attanis* II, 203, 5; *graith* (*greiði*) : *raith* (*hraðe*) II, 33, 32; *graith* (*greiða*) : *waith* III, 3, 25; *rais* (*reisa*) : *gays* (*gán*) III, 109, 16; *arais* : *enbrais* (frz. *embracer*) IV, 180, 25; *vprais* : *fais* III, 301, 18; *swanis* (*sveinn*) : *banis* III, 144, 16; *thai* (*þeir*) : *play* (*plega*) III, 223, 22; *tha* : *wa* III, 146, 3; *thaim* (*þeim*) : *vntame* (*tam*) II, 185, 7; *tharis* (*þeirra*) : *sparis* III, 333, 20; *theris* : *sparis* II, 98, 15; *traistis* (*treysta*) : *thraistis* (*þrǽstan*) II, 36, 19; *waif* (*veifa*) : *draif* (*dráf*) III, 32, 8. Die nsch. Dialekte haben neben (ę) öfter schon einen dem (ī) zuneigenden Laut. In *reisa* und *ei* belegt Ellis manchmal einen Diphthong.

§ 7. *e*-Reime.

Quellen:

1) an. *a* : *kest* (an. *kasta*) : *conquest* IV, 207, 8; *keist* : *rest* II, 61, 8; *sparkis* (an. *sparkr*) : *werkis* : *clerkis* : *merkis* III, 3, 14.

2) ae. *á*: *het* (*hát*) : *set* (P. P.) III, 162, 15; *hete* : *sett* III, 55, 6; *hett* : *vpsett* II, 229, 18. Daneben hat Douglas die regelmässige Form *hait* : *lait* (*late*) II, 90, 26 und die englische Form *hote* : *flote* (*flota*) II, 264, 5.

3) ae. *æ*: *elf* (*ælf*) : *self* III, 276, 24; *ouirfret* (*frætwian*)

: *set* (Sb. zu *settan*) I, 1, 10; *gres* (*græs*) : *addres* (frz.) III, 88, 8. Über *then* (*đænne*) und *wes* (*wæs*) vgl. § 1, 6) S. 3.

4) ae. *ǽ* : *dred* (Sb. zu *ádrǽdan*) : *bred* (P. P. *brédan*) IV, 31, 12; aber gewöhnlich mit *ę̄*, z. B. *dreid* : *speid* (*spédan*) II, 264, 7; *ever* (*ǽfre*) : *lever* (*léofra*) II, 181, 29; *behest* (*hǽs*) : *rest* IV, 7, 16; : *wist* (*wiste*) II, 192, 17; hier reimt *e* : *i*; *beheist* : *beist* (frz. *beste*) II, 125, 27; *les* (*lǽs*) : *blythnes* II, 222, 18; *neuertheles* : expres I, 20, 6; *lest* (*lǽstan*) : *best* III, 297, 16; *lest* (*lǽst*) : *request* (frz. *requeste*) III, 179, 6; *leste* : *beste* (frz.) III, 271, 14; *vtirmest* (*mǽst*) : *adrest* (frz.) II, 237, 4; *neuir* (*nǽfre*) : *dissevir* (frz. *dessevrer*) III, 39, 24; *red* (an. *hrǽddr*) : *sted* (P. P. me. *steden*) II, 71, 18; *wet* (*wǽt*) : *ybet* (P. P. *bétan*) I, 1, 13; aber auch mit *ę̄*, z. B. *weyt* : *Rhamneyt* III, 234, 22 (Morsbach, Gr. § 54; Curtis § 216).

Ferner gehören hierher folgende Prät. und P. P. : *addred* (*ádrǽdan*) : *fled* III, 330, 15; *led* (*lǽdan*) : *sped* (Prt. *spédan*) III, 161, 21; *left* (*lǽfan*) : *eft* II, 229, 1; aber *leifit* : *vnleifit* (Vb. zu *léaf* Laub) I, 8, 11; *lent* (*lǽnan*) : *potent* III, 70, 16; *ment* (*mǽnan*) : *schent* (P. P.) III, 148, 8; aber *menyt* : *pertenyt* (Prt.) IV, 156, 8; *spred* (*sprǽdan*) : *bed* (*bedd*) II, 199, 24; *swet* (*swǽtan*) : *set* (*settan*) I, 70, 18; *wet* (*wǽtan*) : *het* (*hát*) IV, 120, 23; *wett* : *ȝett* (*ȝeat*) III, 52, 8.

5) ae. *e* in offener Silbe: *brek* (*brecan*) : *effek* (frz. *effect*) III, 226, 16; *byget* (P. P. ae. *ȝeten*, beeinfl. von an. *geta*) : *set* I, 33, 28; *forȝet* (*ȝetan*, ws. *ȝietan*) : *let* (Sb.) II, 189, 7; *tred* (P. P. *tredan*) : *sched* (P. P.) IV, 119, 12. Die Kürze des Vocals der Infinitive ist wohl durch die folgende Tenuis veranlasst, vgl. jedoch auch Morsbach, Gr. § 64, Anm. 3, u. betreffs der P. P. § 66 b.

6) ae. an. *e* in geschl. Silbe: *best* (Sup.) : *Sergest* II, 193, 1; *blent* : *tornament* I, 57, 3; *dern* (*derne*, *dierne*) : *cavern* III, 342, 15; *fell* (*fel*) : *crewell* (frz. *cruel*) III, 27, 7; *ȝellit* (*ȝellan*, *ȝiellan*) : *expellit* III, 122, 14; *ges* (vgl. fries. *gezzen*) : *expres* I, 20, 9; *ges* (Sb.) : *les* (*lǽs*) II, 223, 10; *hell* (*hell*) : *cruell* I, 13, 29; *hem* (*hemm*) : *gem* I, 56, 28; *let* (Sb. zu *lettan*) : *det* (frz. *dette*) I, 34, 3; *men* : *pen* IV, 174, 8; *nek* (*hnecca*) : *dek* (= *decked* geschmückt) III, 289, 8; *nestis* (*nest*) : *infestis* I, 4, 2; *rent* (Inf. Prt.

P.P. *rendan*) : *firmament* III, 48, 3; : *serpent* I, 46, 1; : *armypotent* III, 41, 32; *rest* (Sb.) : *drest* III, 224, 2; *rest* (Vb.) : *addrest* III, 33, 5; *schent* (Inf. P.P. *scendan*) : *entent* II, 75, 2; : *absent* II, 218, 16; *sent* (Prt. P.P.) : *absent* III, 100, 4; *set* (Inf.) : *det* (frz. *dette*) I, 33, 29; *bysprent* (P.P. *sprengan*) : *entent* IV, 140, 12; *stem* : *gem* I, 57, 1; *stert* (an. *sterta*) : *expert* II, 261, 2; *tell* : *castell* I, 66, 28; *onwed* (P.P. *weddian*) : *led* (P. P. *lǽdan*) IV, 209, 29; *wellis* (*wella*) : *damysellis* IV, 86, 6; *went* (Prt.) : *enchantment* II, 9, 29.

7) ae. *é*: *ybet* (P. P. *bétan*) : *set* (Sb. zu *settan*) I, 1, 14; *onfed* (P. P. *fédan*) : *bed* III, 235, 5; *met* (P. P. *métan*) : *set* III, 184, 1; *sped* (Prt. *spédan*) : *fled* II, 105, 19; *ten* (*tén*) : *men* I, 48, 13 (Morsbach, Gr. § 54, Anm. 1). In diesen Wörtern (ausser *ten*) wurde die Kürze durch die Doppelconsonanz hervorgerufen, die im Praet. schon von vornherein vorhanden war und im Part. bei Synkope des *e* der Endungssilbe *-ed* in den flect. Formen eintrat, vgl. Sievers, Gr. § 406.

8) ae. ws. *ea* hinter Palatalen: *ȝet* (*ȝeat*, nordh. *ȝæt*) : *set* III, 252, 7; *ȝett* : *wett* (P. P. *wǽtan*) III, 52, 7; *ȝettis* : *set is* II, 94, 21 (vgl. Sievers, Gr. § 102).

9) ae. Brechungs-*ea* (ausser vor *rd*, vgl. S. 20): *art* (*eart*) : *part* (frz.) IV, 178, 2; *part* : *Robart* I, 76, 6; *barn* (*bearn*) : *dern* (*derne*, ws. *dierne*) IV, 23, 11; *ern* (*earn*) : *stern* (*steorne*, ws. *stierne*) IV, 197, 5; *harmis* (*hearm*) : *armis* (frz.) I, 13, 8; *merk* (*mearcian*) : *werk* (*weorc*) III, 10, 8; *merkis* : *clerkis* : *werkis* : *sparkis* (an. *sparkr*) III, 3, 19; *mark* : *wark* : *bark* (frz.) : *stark* (*stearc*) IV, 229, 1; *warme* (*wearm*) : *enarme* (frz. *armer*) II, 92, 1. Nach den Reimen allein würde man hier wahrscheinlich auf eine doppelte Aussprache mit *e* und mit *a* schliessen. Doch zeigen die Listen von Ellis, dass nur *e* gesprochen wurde. Auch *warme* hat nach dem Reim zu urteilen ein *e*. Die nsch. Aussprache (*warm*) mit (*a*) ist durch *w*-Einfluss entstanden oder aus dem Englischen herübergenommen worden.

10) ae. *éa*: *reft* (*réafian*) : *eft* II, 111, 20; aber *reifit* : *leifit* I, 8, 13; *est* (*éast*) : *rest* IV, 7, 19 und in der unbetonten Suffixsilbe *-léas*, z. B. *restles* : *bittirnes* II, 165, 3; *saikles* : *hes* III, 37, 14.

11) ae. *eo* in offener Silbe: ***hens*** (*heonan*) : *defens* IV, 192, 26; ***hence*** : ***intelligence*** I, 11, 24; ***hevin***, auch *hevyn*, ***hevyne***, ***hewyne*** geschrieben (*heofon*) : *evin* (*efen*) II, 38, 20; : ***levin*** (me. *levene*) II, 130, 29; : *stevin* (*stefn*) II, 129, 19; ***sevin*** (*seofon*) : *evin* (*efen*) II, 228, 21. Douglas sprach jedenfalls Kürze, obwohl Länge auch bekannt gewesen sein muss. Denn die neuschottischen Dialekte haben neben (*hiv'n*), (*hev'n*), (*siv'n*), (*sev'n*) auch (*hiiv'n*) und (*siiv'n*). Vgl. zu diesen Doppelformen Luicks neueste Theorie, Anglia XX, 340 f.

12) ae. Brechungs-*eo* und an. Brechungs-*ja* : *bark* (*beorcan*) : *mark* (*mirce*) III, 25, 24; *bern* (*beorn*) : *stern* (*stierne*) III, 349, 26; *hart* (*heorte*) : *cart* (an. *kartr*) IV, 121, 19; : *inwart* (*-weard*) II, 59, 12; : *art* (frz.) : *expert* I, 21, 22; : *dart* (frz.) III, 261, 24; : *start* (an. *sterta*) I, 73, 2; *hert* : ***smert*** (*smeart*) II, 76, 2; : *pervert* II, 7, 32; ***hartis*** : *partis* III, 115, 2; : *revertis* IV, 87, 13; *star* (*steorra*) : *canicular* II, 127, 11; *sterne* (an. *stjarna*) : *derne* II, 155, 17; *leidsterne* : *eterne* II, 17, 26; : *decerne* II, 64, 25; *sterve* (*steorfan*) : *deserve* IV, 75, 1; *steruis* : *preseruis* I, 4, 22; ***stervit*** : *servit* III, 332, 17; *wark* (*weorc*) : *sark* (an. *serkr*) IV, 88, 22; : *bark* (frz. *barque*) II, 200, 1; *werk* : *merk* (*mearcian*) III, 10, 7; : *clerk* IV, 172, 20; *warkis* : *clerkis* IV, 227, 28; *werkis* : *sparkis* (an. *sparkr*) : *clerkis* (frz.) : *merkis* (*mearcian*) III, 3, 16.

Bei diesen Wörtern ist es der Orthographie wegen zunächst ebenso schwer, ein Urteil über die Aussprache zu fällen, wie bei dem Brechungs-*ea*. Bald wird *a*, bald *e* geschrieben, öfter wechseln sie in demselben Reim. Daher muss man hier die Orthographie und ebenfalls die neuenglische Umgangssprache unberücksichtigt lassen und sich unterstützt von den Listen bei Ellis ganz an die Reimkritik halten. Da Ellis nun hier für Central-Schottland leider recht lückenhaft ist, ist es sehr anzuerkennen, dass Curtis (§ 311) sich auf andere Weise Kenntnis über den Edinburger Dialekt (D. 34) verschafft hat, wodurch ein genaueres Urteil ermöglicht ist. Nach seinen Ausführungen ist *eo* zu *e* geworden. Damit stimmen die Reime bei Douglas völlig überein. In einigen Wörtern könnte man zweifeln, ob nicht doch *a* zu sprechen wäre, namentlich in ae. *weorc*. Denn es erscheint heute fast in allen Dialekten Schottlands mit *a*. Aber D. 38 bietet einen auf msch. *e* zurückgehenden *i*-Laut und im Reim auf *clerk* kann nur *e* gesprochen worden sein. Allerdings wäre eine doppelte Aussprache mit *a* und *e* nicht ausgeschlossen.

Die Orthographie mit *a* scheint zum Teil durch die Reime auf rom. *a* veranlasst zu sein (romanische Wörter auf *-art* werden bei Douglas nicht mit *e* geschrieben) oder sie ist auf spätere Abschreiber zurückzuführen, welche häufiger *a* sprachen als Douglas.

13) ae. *éo*: *fell* (*féol*) : *tell* I, 67, 3; IV, 216, 8; : *ȝell* (Sb. zu *ȝellan*, ws. *ȝiellan*) II, 132, 27; : *cruell* II, 111, 29; *prest* (*préost*) : *rest* III, 15, 24 (vielleicht ein *ę̄* : *ę̆* Reim).

14) ae. ws. *y* in geschl. Silbe: *schet* (*scyttan*, ausserws. *scettan*) : *set* III, 213, 2; *vnschet* : *violet* IV, 84, 1; *onschet* : *het* (*hát*) III, 16, 5; *outschet* : *set* I, 67, 19; *stern* (*styrne*, *stierne*) : *ern* (*earn*) IV, 197, 6; : *bern* (*beorn*) III, 349, 25. Die Entwickelung geht von den ausserws. *e*-Formen aus.

15) Analogiebildungen: *bet* (Praet. P. P. von ae. *béatan*) : *met* (P. P. *mētan*) IV, 137, 26; : *byget* III, 170, 31; *bett* : *sett* II, 273, 6; *bet* (Inf.) : *get* (P. P.) III, 69, 17; : *ȝet* III, 249, 14. Zu me. *beten* (ae. *béatan*) wurden neue schwache Formen, Praet. *bette*, P. P. *bet*, gebildet, deren Kürze auch in den Inf. drang; ae. *béot* hätte bei Douglas nur *beit* geben können. Ebenso traten in die schwache Conjugation über die Verba ae. *fléotan*, *ȝéotan* und *scéadan*, z. B. *flet* (P. P.) : *set* (P. P.) III, 300, 5; *ȝet* (P. P.) : *sett* (P. P.) II, 203, 20; *sched* (P. P.) : *tred* (P. P.) IV, 119, 11 (vgl. Sweet, NEGr. § 1351). Auch *fled* kann auf diese Weise erklärt werden (vgl. ten Brink, Chaucers Spr. § 160; Curtis § 333); *fled* : *addred* (P. P.) III, 330, 16; : *ourcled* (P. P. ae. *clǽþan*, vgl. Morsbach, Gr. § 74, 5a) II, 204, 29; Sweet, NEGr. § 1294, hat *fled* von ae. *flédan*, *flédde*, *ȝefléd* ableiten wollen. Aber *fred* (ae. *fréode*), welches ebenfalls Kürze hat, z. B. *fred* : *fled* II, 75, 17, ist ein starkes Argument gegen Sweet.

§ 8. *end*-, *eld*-, *erd*-Reime.

1) *end*-Reime (vgl. Heuser, Anglia XIX, 398 ff.): *end* (*ende*) : *mend* II, 88, 1; *end* (Vb.) : *defend* III, 157, 20; *hend*

(*ȝehende*) : *frend* (*fréond*) II, 17, 22; II, 267, 15; *heynd* : *frend* III, 150, 15; 266, 27; *kend* (P. P.) : *defend* III, 248, 1; *kend it* : *offendit* II, 16, 13; *lend* (Inf.) : *onfrend* III, 236, 14; *leynd* : *heynd* III, 89, 1; *leyndis* II, 208, 17 im Versinnern; *send* (Inf.) : *amend* III, 162, 3; *send* (P. P.) : *attend* IV, 15, 15; *mysspendit* (P. P.) : *offendit* IV, 171, 22; *wend* (*wendan*) : *depend* II, 123, 32; *wend* (Praet.) : *ascend* IV, 187, 25.

Von einer Dehnung ist wenig zu bemerken. Fast in allen Reimen wurde Kürze gesprochen. Die wenigen Beispiele auf *-end* bei Ellis haben ebenfalls kurzen Vocal. Nur bei *hend* und *lend* hat Douglas Schreibungen, die Länge vermuten lassen. Das Reimwort *frend* hat heute in Schottland (*friind*), aber daneben (*frind*) und (*frin*). Auch die Aussprache (*frend*), welche noch heute in Schottland vorkommt, ist bei Douglas möglich, vgl. Morsbach, Gr. § 60, Anm. 2.

2) *eld*-Reime: *eild* (*eldu*, *ieldu*) : *feild* II, 251, 6; : *feyld* III, 190, 25; 334, 26; : *vpheild* (P. P. = *héold*, mit Übertr. des Praet. auf das Part.) IV, 223, 7; *eyld* : *feild* III, 316, 6; *eyldis* : *feyldis* III, 194, 1; *feyld* : *scheyld* IV, 118, 21; *feild* : *beheld* (*héoldon*) II, 69, 13; 230, 7. In allen Fällen blieb die Länge erhalten.

3) *erd*-Reime. Quellen: a) ae. *ea* : *berd* (*beard*) : *ȝerd* (*ȝerd*, *ȝierd*) II, 156, 7; : *erd* III, 65, 5; *sward* (*sweard*) : *fard* (*ferd*, ws. *fierd*) III, 55, 23; *ward* (*weard*) : *hard* (*hérdon*, ws. *hierdon*) III, 37, 7. — b) ae. *eo* : *erd* (*eorðe*) : *brerd* (*brerd*) IV, 82, 22; : *afferd* (P. P. *áfǽran*) II, 52, 23; III, 165, 29; *eird* : *Feird* (*féorða*) : *weird* (*wyrd*) : *vnleird* (*ȝelǽred*) I, 81, 6; *rerd* (*reord*) : *ferd* (*féran*) IV, 151, 24; *reird* : *efferd* III, 177, 4. — c) ae. ausserws. *e*, ws. *y*, *ie* : *werd* (*wyrd*) : *erd* IV, 36, 7; 41, 31; 153, 6; 159, 4; *weird* : *afferd* (P. P.) II, 36, 14; über *ȝerd*, *ferd* vgl. a) und b). — Die schon in ae. Zeit eingetretene Dehnung blieb in diesen Wörtern erhalten und ist wiederholt auch graphisch angedeutet. Wahrscheinlich wurde überall, auch bei der Schreibung mit *a* (*sward*, *ward*), wie die Reimwörter erkennen lassen, ę gesprochen; nur die Bindungen *ȝard* (*ȝeard*) : *salfgard* (frz.) IV, 83, 7 und *ward* : *lard* III, 296, 1 weisen für *ȝard* und *ward* auf den Laut ę̄ hin, oder die Reime sind ungenau. In dem

Compositionselement ae. *-weard*, also in nachtoniger Silbe z. B. *downwart* : *cart* (an. *kartr*) II, 48, 18; *bakwart* : *dart* III, 240, 1; *efterwart* : *depart* I, 54, 1; *ȝonderwart* : *expert* III, 306, 16 ist, wie der letzte Reim zeigt, die Dehnung aufgegeben.

§ 9. *ew*-Reime.

Quellen:

1) ae. *ǽ* + *w*: *sleuth* (*slǽwđ*) : *reuth* (Sb. zu *hréowran*) III, 267, 21; *rewis* (*rǽw*) : *hewis* (*héow*) : *bewis* (*bóh*) : *renewis* (Vb. zu *néowe*) I, 22, 3. Die Entwickelung von ae. *ǽ* + *w* ist hier dieselbe wie in England. Msch. wurde daraus der Diphthong *eu*, später *iu*. Es handelt sich nun darum, ob der Accent zu Douglas' Zeit auf dem *i* oder auf dem *u* lag. Curtis (§ 350) entscheidet sich für das erstere und man wird ihm wohl beipflichten müssen. Dass ein *ū*-Laut gesprochen sein sollte, ist deshalb unwahrscheinlich, weil in Schottland ae. *ó* zu diesem Laut geworden war und ein *ū* kann nicht gesprochen sein, weil erstens sich keine Reime auf ae. *ú*, welches in Schottland nicht diphthongiert wurde, finden und zweitens, weil der *ū*-Laut immer *ou* geschrieben wird, während Douglas den in Frage stehenden Laut mit *ew* oder *euch*(*t*), also immer mit *e* als erster Componente des Diphthongs wiedergiebt. Für *iu* spricht ferner der Umstand, dass auch in den nsch. Dialekten *iu* immer ein fallender Diphthong ist, vgl. z. B. ae. *néowe* (nur D. 38 hat *nuu*) oder das selten belegte ae. *cnéow* und Wörter wie ae. *tréow*, *tréowđ*, vgl. besonders D. 33; in den andern schott. Dial. ist der *i*-Laut des voraufgehenden *r* wegen häufig geschwunden. Vgl. über dies Problem Vietor, Elemente der Phonetik, 3. Aufl. § 41, Anm. 6, mit genauer Litteraturangabe und Besprechung der verschiedenen Ansichten.

2) ae. *éa* + *w*: *hew* (*héawan*) : *grew* (*gréow*) II, 105, 11; *schrew* (*scréawa*) : *hew* (*héow*) : *new* (*néowe*) : *adew* (frz. *adieu*) I, 37, 5; *schrewis* : *thewis* (*þéow*) III, 144, 26.

3) ae. *éow* + *w*: *blew* (*bléow*) vgl. 6); *grew* (*gréow*) : *ensew* (frz. *ensuir*) IV, 1, 7; : *persew* (frz. *poursuir*) I, 44, 6; : *reskew* (Vb. zu frz. *rescus*, P. P. von *rescourre*) II, 95, 13; : *reskew* (Sb.) II, 89, 22 und vgl. 2) 4) 6); *hew* (*héow*) : *blew*

(frz. *bleu*) IV, 83, 17; 83, 29; 89, 16; : *dew* (frz. *deu*) III, 59, 9; : *persew* I, 44, 3 und vgl. 1) 2) 4); *knew* (*cnéow*) : *persew* III, 348, 5 und vgl. 4) 6); *new* (*néowe*) : *adew* III, 126, 23; IV, 155, 2; : *argew* (frz. *arguer*) IV, 21, 32; : *hew* : *trew* : *schew* : *Grew* I, 31, 19; : *sew* (frz. *suir*) III, 287, 4; : *ensew* II, 67, 6; III, 208, 7; : *rew* (*hréowan*) : *persew* II, 171, 12; III, 304, 18; : *reskew* III, 118, 16 und vgl. 2) 6); *renew* (Vb.) : *dew* (frz.) III, 90, 17; *thewis* (*þéow*) vgl. 2); *trew* (*tréow*) : *adew* II, 44, 19; IV, 228, 20; *threw* (*þréow*) : *reskew* II, 80, 26 und vgl. 6).

4) ae. *ó* + *h*: Auch die Wörter mit ae. *ó* + *h* haben nsch. fast in jedem Dialekt den fallenden *íu*-Diphthong neben zahlreichen anderen Entsprechungen. Douglas bietet folgende Reime: *bewis* (*bóh*) : *hewis* (*héow*) I, 22, 4; II, 122, 6; 161, 11; III, 22, 29; IV, 82, 10; : *persewis* (frz.) II, 32, 32; *anew* (*ȝenóȝe*, Pl. zu ae. *genóh*) : *grew* : *hew* I, 77, 25; : *knew* II, 87, 1; : *schew* I, 62, 2; *enew* : *threw* IV, 77, 24; *aneuch* (Singl.) : *leuch* (*hlóh*) I, 73, 18; *aneucht* : *dreucht* II, 91, 5; *pleuch* (*plóh*) : *seuch* (*sulh*) II, 269, 5; III, 242, 12; *plewch* : *sewch* IV, 216, 3. Für ae. *genóh* sind für das nsch. bei Ellis ebenfalls zwei verschiedene Formen für den Singular und den Plural angegeben. Im Plural ist die Spirans vocalisiert, dagegen bleibt sie im Singl. erhalten (vgl. D. 33). Es ist also dasselbe Verhältnis wie bei Douglas, wo *aneuch* als Singl., *anew* als Plural gebraucht wird.

5) ae. *u* + *l*: *seuch* (*sulh*) mit vocalisiertem *l*, vgl. 4).

6) Analogiebildungen: *drew* : *blew* (*bléow*) III, 76, 14; : *grew* (*gréow*) II, 109, 32; : *knew* (*cnéow*) IV, 172, 26; : *new* (*néowe*) II, 100, 31; III, 38, 32; : *threw* (*þréow*) III, 31, 32; : *adew* (frz.) IV, 158, 7; *withdrew* : *adew* II, 69, 1; *slew* : *schew* (*scéawian*) I, 62, 3; : *adew* II, 173, 7; *flew* : *threw* (*þréow*) III, 259, 12; 262, 8; IV, 163, 2. Die vier Praet. *drew*, *flew*, *slew*, *schew* sind Neubildungen nach den Praet. der reduplicierenden Verben, nach *cnéow*, *gréow* etc.

§ 10. *ē*-Reime im Wortinnern (gespr. *ę̄*).

Die von ten Brink (Anglia I, 526; Chaucers Spr. § 23 ff.) gemachte Einteilung der me. *ē*-Laute lässt sich fast nur bei dem genau reimenden Chaucer durchführen. Je weiter die Denkmäler aus dem Norden stammen, desto weniger scharf ist die Unterscheidung des offenen und geschlossenen Lautes, da der letztere mehr und mehr um sich greift. Die einzelnen Untersuchungen über die nördlichen Dichter hat Curtis (§ 100 ff.) zusammengefasst und namentlich die Ergebnisse von Zielke (Sir Eglamour S. 24) weiter geführt. Er kommt (§ 107) zu dem Resultat, dass in Schottland alle ē-Laute ein ę̄ ergaben mit Ausnahme der Wörter mit ae. *ǽ* und frz. *ei*, *ai*. Wie stellt sich Douglas dazu? Es ist auch hier nicht möglich, das Material vollständig zu geben. Es sind nur die charakteristischen Reime angeführt. Quellen:

1) ae. *ǽ*: *breid* (*brǽdu*) : *ȝeid* (*ȝeéode*) III, 10, 25; : *neid* (*néad*, *néd*) III, 32, 6; *breyd* : *gleyd* (*gléd*) III, 200, 2; *braith* (*brǽđ*) : *haith* II, 52, 22; *breith* : *deith* (*déađ*) III, 326, 18; *breth* : *deth* III, 337, 18; *cle(y)ne* (*clǽne*) : *que(y)ne* II, 62, 5; III, 329, 19; *deid* (*dǽd*, nicht = *déađ*, wie Heuser angiebt, Anglia XIX, 334) : *steid* (*stede*) II, 107, 1; *deid* : *heid* (Sb. zu *hédan*, nicht = *héafod*, wie Heuser meint, Anglia XIX, 334) II, 42, 13; : *speid* (*spédan*) III, 98, 20; *deyd* : *meid* (*méd*) III, 230, 25; *de(i)dis* : *nedis* III, 224, 17; 338, 18; *deil(l)*, *deyll* (*dǽl*) : *steil(l)* (*stýle*, ausserws. *stéle*) II, 68, 13; III, 51, 12; IV, 150, 27; : *weill* (*wela*) II, 221, 21; : *weill* (Adv.) II, 129, 27; das Wort *daill* : *paill* (frz. *pâle*) IV, 109, 17 geht auf ae. *gedál* zurück, hat also ę̄; *dreid* (Sb. zu *ádrǽdan*) : *steid* (*stéda*) IV, 115, 12; *dreyd* : *ȝeyd* III, 193, 1; *ewin* (lies *eif*, ae. *ǽfen*) : *preif* (frz.) : *greif* (frz.) I, 68, 9; *feid* (*fǽhđ*) : *godheid* III, 12, 26; : *heid* (*héafod*) III, 112, 32; *feyd* : *steyd* (*stede*) III, 350, 14; *fede* : *heide* II, 142, 7; *feir* (*fǽr*) : *heir* (*hér*) II, 47, 1; *feyr* : *speyr* (*spere*) III, 323, 1; *feir* (*fǽran*) : *speir* II, 70, 15; *gleyme* (*glǽm*) : *streme* (*stréam*) III, 116, 15; *glemis* : *bemis* (*béam*) IV, 82, 6; *heill* (*hǽl*) : *Sanct Geill* (*Giles*, vgl. *spreit* S. 25) IV, 224, 4; *heit* (*hǽtu*) : *quyet* IV, 28, 21; *heyt* : *greit* (*gréat*) IV, 192, 9; : *greit* (Sb. *gréot*) IV, 81, 32; *het* : *gret* III, 250, 2; *kinreid* (-*rǽden*) : *steid* (*stede*) III, 159, 7; *leid* (Sb. *lǽden*) : *heid* (Sb. zu *hédan*) IV, 171, 17; *leid* (Vb. *lǽdan*) : *deid* (*déad*) II, 214, 21; *leide* : *Diomeide* II, 48, 10; *leif* (*lǽfan*) : *byreif*

(réafian) IV, 196, 8; *leir* *(léran)* : *heir* *(hér)* II, 221, 24; *leyr* : *weyr* (frz. *guerre*) III, 127, 11; *meid* *(mǽd)* : *neyd* III, 344, 24; *medis* : *redis* *(hréod)* IV, 84, 31; *mene* (Adj. *ȝemǽne*) : *attene* (frz.) : *complene* (frz.) III, 274, 15; *mene* *(mǽnan)* : *grene* : *quene* : *bedene* (vgl. Curtis § 239) I, 42, 1; *meyne* : *kene* *(céne)* III, 285, 16; *menyt* : *complenit* III, 71, 5; *meyt* *(ȝemǽte)* : *feyt* *(fét)* IV, 170, 29; *mete* : *Crete* II, 125, 24; *quheit(e)* *(hwǽte)* : *gre(i)t* *(gréat)* II, 125, 1; 200, 10; *reid* *(rǽd)* : *heid* *(héafod)* II, 108, 14; *reid* (lesen) : *neid* I, 64, 14; *reid* (raten) : *steid* *(stede)* IV, 32, 1; *seyd* *(sǽd)* : *neyd* III, 158, 26; *seill* *(sǽl)* : *weill* (Adv.) II, 216, 26; *seyll* : *weill* *(wela)* III, 299, 2; *seit* *(ȝeset*, *ȝesetu*, an. *sǽti)* : *meit* *(mete)* II, 133, 11; *set(e)* : *gret(e)* *(gréat)* II, 128, 22; III, 278, 6; *sleip* *(slǽpan*, *slǽp)* : *keip* *(képan)* : *deip* : *weip* I, 29, 17; : *creip* I, 51, 25; *slep(e)* : *kep(e)* III, 223, 3; IV, 173, 32; *spreid* *(sprǽdan)* : *ȝeid* III, 107, 32; *streit* *(strǽt)* : *greit* *(gréotan)* IV, 25, 30; *streyt* : *feyt* *(fét)* III, 193, 12; *sweit(e)* (Sb. zu *swǽtan)* : *greite* (wohl besser = ae. *gréat* als = Sb. zu *gréotan*, wie Heuser meint, Anglia XIX, 336) IV, 189, 23; : *spreit* (frz. *esprit*) III, 119, 8; *teche* *(tǽcan)* : *preche* (frz.) II, 145, 29; *threidis* *(þrǽd)* : *Ganymedis* II, 239, 1; *weid* *(ȝewǽde)* : *heid* (Sb. zu *hédan*) II, 104, 25; : *skreid* *(scréade)* I, 121, 6; *weyt* *(wǽt)* : *Rhamneyt* III, 234, 22; *weyt* *(wǽtan)* : *feyt* III, 140, 28.

Es reimt also ae. *ǽ* (= 1) germ. *ai*, 2) germ. *ǽ*, got. *ê*) mit allen ae. *e*-Lauten; es müssen demnach alle msch. *ē*-Laute zusammengefallen sein. Anders Heuser, Anglia XIX, 334 ff., doch vgl. unten 3).

Was nun die Aussprache dieses Lautes anbelangt, so nimmt Curtis (§ 129) an, dass alle msch. *ē* zu *ī* vorgerückt sind. Dieser Übergang ist jedoch für Douglas, wenigstens im Wortinnern (über *ē* im Auslaut vgl. § 11) noch nicht anzunehmen. Hier darf man auf keinen Fall sagen, dass dort, wo *ei* geschrieben wird, *ī* gesprochen wurde. Es wären dann Reime wie *waid* *(wédan)* : *invaid* III, 113, 29 oder *meit* *(mete)* : *estait* : *wait* etc. I, 33, 8 völlig unmöglich. Auch spricht der Umstand dagegen, dass Wörter wie ae. *rǽd*, *dǽl*, an. *sǽti*, ferner ae. *gréat*, *þréat*, *déað*, *béot* nach Ellis noch nicht einmal heute in allen nsch. Dialekten ī haben. Vielmehr scheint *ei* das Zeichen für ę̄ zu sein (vgl. *ai* = ę̄).

Hier mögen noch einige scheinbare ę̄ : ī Reime angeführt werden, die sich anders erklären lassen. Es handelt sich da zunächst um die zahlreichen Reime auf frz. *esprit*, z. B. *heit* (*hǣtu*) : *spreit* II, 168, 8; 175, 25; III, 168, 11; *vnforleyt* (*lǣtan*) : *spreit* IV, 51, 14; *meyt* (*mǣte*) : *spreit* III, 246, 12; *compleit* : *heit* : *sweit* (*swéte*) : *spreit* : *repleit* I, 3, 7; *fleit* (*fléotan*) : *spreit* I, 33, 15; *prophete* : *sprete* II, 145, 27; *feyt* (*fét*) : *spreyt* III, 166, 2 etc. Dies Wort reimt bei Douglas immer nur mit msch. ē, aber nie mit msch. ī, und so wird man eher einen Übergang von frz. *i* zu ē annehmen als aus solchen Reimen auf eine ī-Aussprache des msch. ē schliessen. — *expremit* : *semit* : *demit* : *blasphemit* I, 33, 3; *expremit* : *flemet* : *demit* : *semit* I, 46, 27; *expreme* ist von dem Simplex lat. *premere* beeinflusst; *exprime* mit ī müsste mit Diphthong gesprochen sein. — *heir* (*hér*) : *inquire* II, 76, 14; *inquire* : *seir* : *heir* : *pleseir* I, 53, 8; *heir* (*hieran*) : *laseir* (frz. *leisir*) : *feir* : *cleir* I, 66, 19; *inquire* ist frz. *enquerre*, me. *enquere*, und nur orthographisch vom lat. beeinflusst; ein von lat. *inquirere* abgeleitetes Wort hätte Douglas mit Diphthong gesprochen. Die Reime auf *plaseir*, *laseir* sind nicht beweiskräftig, da die Vocale unbetonter Endsilben schwankende Qualität haben; vielleicht liegt auch eine Suffixangleichung an die zahlreichen Subst. auf *-ēre* vor. — Bei dem Reim *beseik* (*sécan*) : *sik* (*swilc*) II, 11, 21 kommt erstens die ungenaue Quantität und zweitens der Umstand in Betracht, dass nsch. *sik* gewöhnlich einen *e*-Laut hat. Andererseits zeigt in Reimen wie *feris* (*ȝeféra*) : *marenaris* II, 148, 8 oder *fer* : *wer* (*wǣron*) II, 115, 2 die Orthographie deutlich, dass wenigstens der Schreiber kein ī gesprochen hat.

2) ae. *ea* : *geir* (mit *w*-Schwund, ae. *gearwe*, beeinfl. von an. *gørvi* oder schwed. *gere*? vgl. Curtis § 263) : *feir* (*ȝeféra*) II, 224, 10; *geyr* : *neyr* IV, 148, 6.

3) ae. *éa*: Es sind nur Reime auf ae. *éo*, die Luick (Unters. § 358) im Clariodus vermisst, und auf ae. an. *é* angegeben: *betis* (*béatan*) : *schetis* (*scéte*, ws. *sciete*) II, 147, 8; *deid* (*déad*) : *heid* (Sb. zu *hédan*) II, 190, 16; : *ourȝeid* III,

64, 20; *eik* (*éac*) : *seik* (*sécan*) II, 7, 20; *eyk* : *reyk* (*récan*) III, 157, 12; *eir* (*éar*) : *heir* (Vb.) II, 199, 12; *eyr* : *messingeyr* III, 192, 12; *e(i)ris* : *he(i)ris* (*héran*, *hieran*) I, 16, 11; III, 239, 16; *heid* (*héafod*) : *steid* : *ȝeid* : *pleid* : *meid* I, 45, 12; : *sweit* : *spreit* : *feit* (*fét*) I, 79, 22 im Versinnern; *heip* (*héap*) : *clepe* (*clipian*) II, 276, 24; : *leif* (*léaf* Urlaub, Erlaubnis) : *preif* (frz.) I, 66, 18; : *repreif* II, 6, 21; 16, 16; *beleif* (*ȝeléafa*) : *myscheif* IV, 180, 29; *beleve* : *vpgeve* (*ȝiefen*) IV, 18, 4; *les* (*léas* Falschheit) : *treis* (*tréo*) III, 173, 1; *neid* (*néad*, *néd*) : *speid* II, 262, 10 etc.; *neir* (*néar*) : *heir* I, 36, 6; : *steir* (*stéoran*) II, 235, 31; *neyr* : *seyr* (an. *sér*) IV, 109, 24; : *deyr* (*déor*) III, 200, 14; *reyf* (*réafian*) : *leyf* (*libban*, *liofian*) III, 255, 17; *streme* (*stréam*) : *leme* (*léoma*) II, 131, 7; *teir* (*téar*): *heir* II, 66, 6; *teris* : *feris* II, 244, 8.

Heuser (Anglia XIX, 339) will den Zusammenfall von ae. *éa* (und *ĕ* in off. Silbe) und msch. *ę̄* nur vor *r* gelten lassen. Dagegen lässt sich sagen, dass auch andere Wörter in genügender Zahl auf *ę̄* reimen. Und ferner tritt in Schottland, da hier ein anderes *r* gesprochen wird als in England, eine *r*-Modification bei weitem nicht in dem Masse auf wie in der englischen Umgangssprache; msch. *ę̄* wird in seiner Weiterentwickelung zu *ī* nicht durch ein folgendes *r* gestört. Der Zusammenfall von *ę̄* und *ẹ̄* vor *r* kann daher nicht unter *ę̄* (Luick, Unters. § 358), sondern nur unter *ẹ̄* erfolgt sein.

Die nsch. Dialekte haben oft Kürzung eintreten lassen, die sich bei Douglas wenigstens an der Orthographie erkennen lässt. Es finden sich Schreibungen wie *ded*, *hed*, *led*, *red*, *gret*. Durch Reime lässt sich die Kürze nur in *gret* nachweisen, z. B. *gret* : *bet* (P. P.) III, 45, 31. Über solche Kürzungen vor einf. ausl. Cons. vgl. Morsbach, Gr. § 54.

4) ae. *ĕ* in offener Silbe: *beyr* (*beran*) : *seyr* IV, 36, 22; : *heyr* (*hearra*, me. *herre*, *here* Herr) IV, 162, 21; *ber* : *messynger* IV, 97, 16; *beris* : *teris* II, 108, 9; : *weiris* (frz.) III, 200, 18; die beiden Reime *bair* : *thair* II, 260, 31; *bayr* : *ar* (*aron*) III, 254, 28 sind ungenaue Bindungen oder *bair* mit *ę̄* muss als eine Entlehnung aus dem Englischen angesehen werden; *deir* (*derian*) : *speir* (*spyrian*) II, 44, 25; : *almoseir* : *eir* I, 69, 3; *eir* (*erian*) : *seyr* IV, 34, 4; *eit* (*etan*) : *gret* III, 164, 24; *feill*

(fela) : *leill* (frz. *leel*) : *steill* : *conceill* (frz. *conceler*) I, 28, 15; *Helene* : *define* (frz. *definir*) I, 61. 19. Dieser Reim ist nicht beweisend für eine ī-Aussprache, er muss vielmehr als unrein gelten, da in *define* ī schon diphthongiert war. Überhaupt ist das Reimschema der betreffenden Strophe nicht in Ordnung; *meid* (*medu*) : *steid* : *ȝeid* : *pleid* : *heid* I, 45, 15; *meit* (*mete*) : *threit* (*þréat*) II, 229, 20; *scheir* (*sceran*) : *yfeir* (*ȝefére*) III, 296, 14; *scheir* (Sb. zu *sceran*) : *feyr* IV, 105, 12; *speir* (*spere*) : *feyr* (*fǽr*) IV, 71, 19; *speris* : *feris* III, 244, 25; *steid* (*stede*) : *deid* (*déad*) I, 37, 15; : *ȝeid* I, 45, 8; III, 119, 20; IV, 162, 27; *steyd* : *ȝeyd* III, 254, 5; *steidis* : *heidis* III, 134, 15; *sted* : *ded* IV, 39, 15 (Morsbach, Gr. § 64, Anm. 3); *swere* (*swerian*) : *heyr* (Adv.) III, 232, 9; *weill* (*wela*) : *deill* II, 221, 20; : *seyll* (*sǽl*) III, 299, 1: *weir* (*werian*) : *feir* IV, 102, 9. Das in offener Silbe stehende ae. ĕ wurde in der me. Periode gedehnt zu ę̄ (vgl. ten Brink, Chaucers Spr. § 24 β; Morsbach, Gr. § 111; Luick, Archiv 98, 432 gegen Morsbach), und ging in Schottland frühzeitig weiter zu dem ẹ̄-Laute, der auch noch für Douglas gilt. Einen Einfluss des *r* auf den voraufgehenden Vocal braucht man hier kaum anzunehmen. Doch vgl. Heuser, Anglia XIX, 339. In England ist es bekanntlich anders. Hier wurden *bear*, *swear*, *tear*, *wear* durch *r*-Modification in ihrer Entwickelung zu ī aufgehalten und haben sie noch heute einen *e*-Laut; vgl. hierüber Luick, Unters. § 330 ff.

5) ae. *é*: Beispiele mit ae. *é* sind schon im Vorhergehenden zur Genüge angegeben. Hier werden nur noch einige Reime für *ȝeir*, *steill*, *weill* (Adv.) angeführt, da ihre Entwickelung von ae. *é* ausgeht: *ȝeir* (angl. *ȝér*) : *heir* (*hér*) III, 60, 24; *ȝeyr* : *breyr* (*brér*) IV, 88, 10; *ȝeris* : *apperis* III, 339, 24; *ȝeiris* : *eris* III, 94, 8; *ȝeyris* : *werys* (frz. *guerre*) III, 104, 23. — *steill* (*stýle*, dial. *stéle*) : *feill* (Sb. zu *félan*) : *weill* (Adv.) : *deill* (*dǽl*) I, 56, 24; *steyll* : *deyll* III, 316, 29. — *weil* (ae. *wél*, Sievers, Gr. § 122) : *deil* III, 42, 30; *weill* : *deill* I, 56, 26; : *reveill* (frz. *reveler*) II, 201, 26; : *keill* (*céol*) II, 200, 3; ähnlich II, 216, 25; III, 126, 1; 317, 28. Douglas macht keinen Unterschied zwischen dem Adverb *wél* und dem Subst. *wela*. Ebenso haben im Clariodus beide

Wörter nur *ę*, vgl. Curtis § 132. Anders ist es in den schottischen Legenden, vgl. Buss, Anglia IX, 502.

6) ae. *éo*: Die Entwickelung ist durchaus regelmässig. Die meisten Wörter mit *éo* kommen bereits in früheren Belegen vor; einige mögen hier noch angeführt werden: *bene* (Plur. Prs. Ind., Entlehnung aus dem Conj.) : *grene* II, 54, 19; : *wene* III, 107, 19; *bene* (Part.) : *quene* II, 62, 31; *cheis* (*céosan*) : *greis* (frz. *gré*) I, 44, 15; *flece* (*fléos*, *flies*) : *pece* (frz. *pièce*) IV, 82, 24; *ȝeid* : *steid* (*stede*) : *pleid* : *heid* (*héafod*) : *meid* (*medu*) I, 45, 9; ae. *ȝeéode* gab *ȝe-ēde*, woraus durch Zusammenziehung *ȝēde* = *ȝeid* entstand. Durch Accentverschiebung ergab die ae. Form. msch. *ȝoid* : *woid* (*wód*) II, 113, 17; *beheld* (*héold*) : *feld* (Prt. *félan*) II, 66, 1; *quheyll* (*hwéol*) : *deill* (*dǽl*) IV, 171, 30; *redis* (*hréod*) : *medis* (*mǽd*) IV, 84, 32; *sene* (NB. mit *n*, ae. *séon*) : *sustene* III, 247, 8; *seyn* : *eyn* (*éagan*) IV, 77, 9; *seyne* : *schene* (angl. *scéne*) II, 220, 5; *theif* (*þéof*) : *myscheif* (frz. *meschief*) III, 164, 27; *wedis* (*wéod*) : *bedis* (*ȝebed*, ne. *bead*) IV, 169, 3 etc.

Ebenso wie ae. *éo* wird an. *jú* behandelt, z. B. *meik* (an. *mjúkr*) : *seik* (*sécan*) III, 85, 8; *meyk* : *beseyk* III, 229, 12.

7) ae. *i*, *y* in offener Silbe: Hier handelt es sich um die Frage nach der Dehnung von ae. *i*, *y* in offener Silbe. Dieser Punkt, von jeher einer der umstrittensten Fragen der engl. Lautgeschichte, hat durch die neuesten Arbeiten seine Erledigung noch immer nicht gefunden. Vielmehr stehen die verschiedenen Ansichten wie bisher in scharfem Gegensatz zu einander. Curtis (§ 360 ff., mit guter Darstellung der bisherigen Forschung) kommt zu dem Ergebnis, dass *i* und *u* in offener Silbe im Norden zu *ẹ* und *ọ* gedehnt wurden: At any rate the lengthening is certainly to be accepted for the North, both of *i*- and *u*- (Curtis § 379). Luick, der den ganzen zweiten Teil seiner „Unters. zur engl. Lautgesch." von § 381 an der Besprechung dieses Problems gewidmet hat, geht über Curtis, dessen Arbeit ihm erst im Laufe der eigenen Untersuchungen bekannt wurde — er nennt ihn § 383 nicht unter seinen Vorgängern, kommt aber § 530 auf ihn zu sprechen — dadurch hinaus, dass er auf Grund eines viel reichlicheren, sorgfältig gesichteten Materials ein speciell nordh. Lautgesetz

formuliert (vgl. § 515). Allerdings bleibt dann noch manche Schwierigkeit zu lösen, weshalb sich Curtis (§ 367) für viele Fälle zur Erklärung der Kürze mit der allgemeinen Bemerkung begnügen muss: Analogy or differentiation may have been at work. Ganz im Gegensatz zu Curtis und Luick hält Morsbach (Gr. § 65 a und b) die schon früher vorgetragene Ansicht (Schriftspr. S. 121) aufrecht und tritt wie Sweet (HES. §§ 623; 647) durchaus für die Erhaltung der Kürze ein. Die Wörter, die in der me. Periode den langen Vocal ē statt ĭ haben, führt er mit genauer Besprechung aller einzelnen Fälle auf ae. Nebenformen mit *e*, *eo* (aus *i* durch *u*-, *o*-Umlaut entstanden) zurück.

Von den Reimen bei Douglas gehören folgende hierher: *gleit* (an. *glita*) : *decreit* IV, 219, 10; : *heit* IV, 139, 8; : *sweit* : *fleit* : *spreit* I, 33, 18; *gleyt* : *meyt* (*ȝemǣte*) III, 237, 11; *gletis* : *stretis* (*strǣt*) IV, 20, 12; : *streitis* II, 88, 16; *leyf* (*lifian*, *leofian*) : *reyf* (*rēafian*) III, 255, 18; : *myscheyf* III, 225, 25; *wirschepe* (*weorđscipe*) : *clepe* (*clipian*, vgl. Luick, Unters. §§ 533; 600; *cleopian*) III, 6, 6; *geif* (ws. *ȝifan*, *ȝiefan*, angl. *ȝefan*, *ȝeofan*, vgl. Luick, Unters. § 582 f.) : *preif* III, 274, 8; *gif* (lies *geif* P. P.) : *preif* II, 245, 11; *vpgeve* (P. P.) : *beleve* (*ȝelēafa*) IV, 18, 3; *speir* (*spyrian*, an. *spyrja*) : *heir* (Vb.) II, 98, 17; *speyr* : *appeir* III, 188, 25 etc.; *steir* (*styrian*) : *heir* : *seir* : *heir* I, 16, 5; *steyr* : *feyr* (*ȝefēre*) III, 215, 3; : *sweyr* (*swǣr*) IV, 1, 5; *steris* : *ansueris* (Sb. zu *andswerian*) III, 11, 20; *steiris* : *deiris* : *heiris* : *eiris* : *leiris* I, 16, 8 etc. Formen wie *leyf*, *geif*, *clepe* würden sich nach Morsbach durch ae. Nebenformen mit *eo* erklären lassen; vgl. aber Luick, Archiv 98, 437, der darauf hinweist, dass *weotan* und *cleopian* keine nordh. Formen sind. In anderen Fällen wie z. B. in *weorđscipe* kann es keinen Umlaut geben. Über das Suffix *-schepe* vgl. jedoch Morsbach, Gr. § 115, Anm. 4. So wird man sich doch auf Curtis' und Luicks Seite stellen müssen, deren Hypothese auch den Vorteil hat, dass sie zeigt, dass die Dehnung nicht bloss *a*, *e*, *o*, sondern auch *i* und *u* ergriffen hat und somit die Tendenz, kurze ae. Tonvocale in offener Silbe zu dehnen, wenigstens im Norden wirklich eine allgemeine gewesen ist.

§ 11. *ē*-Reime im Auslaut (gespr. *ī*).

Der *ē*-Laut im Wortauslaut scheint sich von den übrigen *ē*-Lauten im Innern eines Wortes zu unterscheiden und wird wohl bereits zu dem *ī*-Laut vorgerückt sein. Darauf deuten vor allem die Reime auf nicht diphthongiertes frz. *i*, deren grosse Zahl auffallend wäre, wenn die Reime alle unrein wären. Ferner spricht dafür der Umstand, dass die frz. Wörter auf *é* öfter mit *ie* oder *y* geschrieben werden, z. B. *citie, crueltie, destany, entry, iniquitie, pitie, renownye* etc. Ebenso ist ae. *héah* bei Douglas mit ganz wenigen Ausnahmen im Reim immer *hie* geschrieben. Sonst wird *ē* im Auslaut gewöhnlich mit *e*, *ee* wiedergegeben, ganz selten durch *ey*. Und dass *ē* im Auslaut früher zu *ī* vorrückte als *ē* im Innern des Wortes, zeigen schliesslich noch die nsch. Dialekte, in denen öfter, z. B. im Dial. 33, beide nicht denselben Laut haben, sondern ersteres bereits mit einem Diphthong, der auf früheres *ī* zurückweist, erscheint. Quellen:

1) ae. *ǽ*: *se* (*sǽ*) : *he* II, 34, 17; *see* : *we* II, 43, 9; : *vnweilde* (ae. *wielde* + *ig*) II, 266, 25; : *Germanie* : *Italie* : *cietie* I, 42, 16; : *oblivie* (durch Suffixangleichung für frz. *oblivion*) : *thre* : *poese* III, 1, 2; *sey* : *me* : *Italie* I, 42, 4; *seis* : *he is* II, 234, 13; *seyis* : *seis* (*séon*) II, 223, 3; : *Rutileis* (lat. *Rutuli*) I, 63, 3. Die Reime *se* (*sǽ*) : *ische* (frz. *issue*) III, 140, 8 und *se* (*séon*) : *tysche* (frz. *tissu*) IV, 113, 32 sind wohl durch Einführung der häufigen Endung *e* für *u* zu erklären.

2) ae. *é*: *he* : *gre* II, 244, 13; *ȝe* (*ȝé*) : *se* (*séon*) II, 99, 15; *me* : *cuntre* III, 95, 24; : *Libie* II, 43, 13; : *tyrannie* I, 38, 16; : *velanie* I, 37, 7; *the* (*þé*) : *verite* III, 112, 18; : *harlotrie* I, 7, 9; *we* : *degre* IV, 6, 2; : *Libie* II, 162, 31.

3) ae. *éa*: *ȝe* (ws. *ȝéa*, angl. *ȝǽ*) : *be* II, 6, 9.

4) ae. *éo*: *beis* (*béo*) : *greis* (frz. *gré*) I, 44, 18; *be* (Inf. *béon*): *he* II, 47, 20; : *farlie* (Sb. zu Adj. *fǽrlic*) I, 65, 22; : *gentre* (frz. *genterie*) IV, 17, 8; : *tyrannie* I, 38, 14; *be* (Prs.) : *he* II, 10, 22; *be* (Part.) : *he* II, 90, 23; III, 235, 1; : *cite* III, 265, 24; IV, 94, 1; : *cuntre* II, 68, 7; *ybe* (Part.) : *cetie* IV, 11, 21; *fee* (*feoh*, Entw. geht von den flect. Casus mit *éo*

aus) : *se* (*séon*) II, 132, 16; *fle* (*fléon*) : *me* II, 13, 14; *fre* (*fréo*) : *he* II, 246, 23; *free* : *we* II, 76, 6; *kne* (*cnéo*) : *the* II, 60, 28; : *suddanelie* I, 39, 12; *lie* (*hléo*) : *citie* II, 143, 18; *se* (*séon*) : *me* II, 8, 26; *see* : *he* III, 60, 29; *seis* : *greis* I, 56, 16; *seys* : *Laurenteis* IV, 102, 22; *seyis* : *Harpyis* II, 133, 22; *tre* (*tréo*) : *he* II, 70, 18; *tree* : *cietie* II, 82, 5; : *companie* I, 14, 7; *treis* : *greis* : *tapestreis* (frz. *tapisserie*) I, 2, 6; : *obsequyis* III, 320, 6; : *tapestreis* IV, 83, 13; *thre* (*þréo*): *he* III, 4, 9; : *oblivie* : *poese* III, 1, 5; *thee* (*þeoh*, Entw. von den flect. Cas. mit *éo* aus) : *he* II, 91, 30; : *wee* (? = wenig, auch *wie* II, 56, 17 geschr.) III, 305, 23; *theis* : *kneis* II, 157, 2; *the* : *byrnie* (an. *brynja*, me. *brinie*) III, 127, 6; *sche* (*séo*) : *he* II, 213, 5; : *Phenicie* II, 41, 9 etc. Zu *sche* existiert die Nebenform *scho* : *do* (*dón*) II, 218, 1. In dem Reim *scho* : *bewtie* I, 19, 5 ist *sche* zu lesen; *sche* ist die englische, *scho* die schottische und nordenglische Form des weiblichen Personalpronomens. Doch finden sich mit Ausnahme von James' I. Kingis Quair (vgl. Curtis § 339) und Huchowns Susan (vgl. Köster, Pistel of Swete Susan, S. 58), welche nur *sche* haben, in allen schottischen Denkmälern *sche* und *scho* gemischt. Zur Erklärung der Formen ist es am einfachsten, wenn man mit Sweet *scho* durch Accentverschiebung aus *séo* (**seó* > **sjó* > *scho*) entstanden sein lässt. Vgl. Sweet, HES. § 733; NEGr. § 1068; vgl. ferner noch Kluge, Grdrs. I, 902; Sarrazin, Engl. Stud. XXII, 330 ff. Neben *scho* trat *sche*, *she*, wohl in Angleichung an *he*, eine Vermutung, die, wenn ich mich nicht irre, zuerst von Holthausen ausgesprochen wurde.

5) ae. *ǽ* + *g*: Bei diesen und den folgenden Beispielen handelt es sich um die Verbindung der Vocale und Diphthonge *ǽ* (angl. *é*), *éa*, *éo*, *y* in offener Silbe, an. *ey*, *é* mit *g*, *h*, *j*, deren Entwickelung gänzlich von der englischen abweicht. Während in England daraus *ei* oder *ī* entstand, fiel in Nord-England und in Schottland der palatale Reibelaut spurlos ab, und da zu ws. *éa* + *g*, *h*, z. B. zu *éage*, *héah*, *néah* die anglischen Nebenformen mit *é* + *g*, *h*, also *ége*, *héh*, *néh* existierten (vgl. Sievers, Gr. § 163; Sweet, HES. § 462), so blieb nach dem Abfall des Reibelautes in allen diesen Wörtern ein *ę̄*

übrig, wofür Douglas *ī* sprach (vgl. Curtis § 347; Luick, Unters. § 162 ff.). Für die Verbindung *ǽ(é)* + *g* bietet Douglas die Beispiele *bre* (angl. *bréȝ*) : *sche* III, 40, 6 und *ne* (Sb. zu *hnǽyan* wiehern) : *he* IV, 48, 8; 78, 28. Eine etwas abweichende Entwickelung scheint vorzuliegen in den Beispielen *fey* (*fǽȝe*) : *obey* II, 251, 31; : *fley* (*fléȝan*) IV, 40, 20; : *key* (*cǽȝe*) : *pley* (frz.) : *obey* : *fley* I, 26, 24; *sweye* (an. *sweigja*) : *obeye* II, 104, 12 (vgl. Heuser, Anglia XIX, 410 f.).

6) ae. *éa* + *g*, *h* : *E* (*éage*, *ége*) : *he* II, 160, 8; *ee* : *se* (*séon*) : *bewtie* I, 19, 11; *eye* : *me* : *Italie* I, 42, 6; : *farlie* (Sb. zu Adj. *fǽrlic*) I, 65, 25; *ene* (Plur.) : *mene* (*mǽnan*) II, 275, 23; : *grene* II, 207, 29; *eene* : *grene* II, 137, 28; *eyn* : *teyn* (*téona*) III, 349, 14. Ob in dieser Pluralform auch *ī* gesprochen wurde, lässt sich nicht erweisen. Die nsch. Dialekte haben für *éage* (*ii*), Dial. 33 hat schon Diphthongierung eintreten lassen. Der organische Plural der schwachen Declination kommt ebenfalls noch heute vor; er heisst (*iin*). — *he* (*héah*, *héh*) : *se* (*séon*) II, 36, 16; : *cite* IV, 53, 12; *hee* : *necessite* IV, 77, 20; *hie* : *he* II, 30, 5; : *per de* (*dieu*) III, 4, 8; : *sky* (an. *ský*) II, 38, 26; 150, 21; III, 46, 3; : *honestlye* (*-líce*) IV, 98, 17; : *aspie* (frz. *espier*) II, 135, 16; : *Dauy* (*David*) II, 165, 22; : *me* : *Italie* I, 42, 3; : *signifie* II, 76, 15; : *velanie* I, 37, 11; *hye* : *he* IV, 52, 17; : *bye* (*bí*) II, 119, 26; : *skye* II, 180, 19. Nsch. lautet die Entsprechung (*hii*), daneben belegt Ellis noch eine Reihe anderer Formen wie (*hiikh*), (*hekh*), (*heikjh*) etc. mit dem palatalen Reibelaut, den das Wort wohl in Anlehnung an das Subst. *height* bekommen hat. Zuweilen hat es auch diphthongische Aussprache (*hei*), (*hai*), die sich D. 33 selbständig entwickeln konnte, in den anderen Dialekten aber dem Dialekt 33 oder aus England entlehnt sein muss. — *vpheis* (Vb. zu *héah*) : *treis* III, 151, 20; IV, 128, 4; *vphieit* : *deit* (Prt. zu *døyja*) : *suppleit* I, 75, 18; *wphie* : *posterite* III, 99, 20; *wphyit* : *deifyit* III, 17, 19; *ne* (*néah*, *néh*) : *tre* III, 344, 21; : *destyne* IV, 103, 13; *nie* : *tree* : *companie* I, 14, 9.

7) ae. *éo* + *g* : *dre* (*dréogan*) : *see* II, 234, 2; III, 189, 3; : *he* III, 321, 14; : *aduersitie* II, 57, 15; *fle* (*fléoge*) : *die* (an. *døyja*) : *subtillitie* : *me* : *se* (*séon*) I, 29, 3; *fle* (*fléogan*) : *he* II, 190, 8; : *melle* (frz. *mêlée*) IV, 130, 6; *flee* : *he* II,

96, 25; *fleis* : *seis* (*sǽ*) III, 298, 16; *fleyis* : *beyis* (*béo*) IV, 170, 1; *le* (*léogan*) : *be* : *degre* III, 205, 18. Interessant sind die beiden Reime *flene* (Inf. fliegen) : *schene* II, 220, 4 und *lene* (= Plur. Conj. Praes. von *léogan*) : *ene* (*éagan*) II, 10, 23. Es sind altertümelnde Neubildungen von Douglas. So wie me. die Inf. *sene* sehen, *fleen* fliehen neben *see* und *flee* standen und der Plural Conj. Praes. vocalisch auslautender Verba lange den Nasal bewahrte, vgl. z. B. *be*, *ben*, so bildete Douglas zu *flee* und *lee* obige Formen *flene* (Inf.) und *lene* (Conj.).

8) ae. *y* + *ʒ* : *le* (*lyʒe*) : *per de* IV, 207, 28; *lie* : *genologie* II, 9, 25. Dies ist ein klares Beispiel der von Curtis und Luick festgestellten nordh. Dehnung des *y* (= *i*) in offener Silbe. Die Entwickelung ist folgende *lyʒe* > *liʒe* > *lēghe*, dann mit Schwund des Reibelautes > *le* (gespr. *lī*).

9) an. *øy* + *j* : *de* (*døyja*) : *he* II, 74, 28; *dee* : *the* II, 138, 31; *die* : *me* I, 29, 4; *dye* : *destanye* II, 74, 24; *deit* (Praet.) : *suppleit* I, 75, 21; *deid* (Part.) : *Diomeid* II, 27, 24. Die nsch. Dialekte haben (*ii*), nur D. 33 hat einen Diphthong. Neuerdings ist ne. *to die* von Napier auf germ. **daujan* zurückgeführt worden; vgl. Luick, Unters. § 166.

10) an. *é* + *g* : *sle* (*slégr*) : *he* III, 68, 13; : *tre* IV, 14, 13; : *entre* IV, 50, 10; : *Pione* (*Paeonia*) III, 137, 15.

§ 12. *i*-Reime.

Quellen:

1) ae. *i* in offener Silbe : *byt* (*bite* Sb.) : *submit* IV, 195, 24; : *hyt* (P. P. an. *hitta*) IV, 115, 21; *bitt* : *hit* II, 179, 18; *hir* (Pron. *hire*) : *bir* (an. *byrr*) III, 110, 15; *slidder* (*slidor*) : *considder* I, 67, 10; *wit* (*witan*) : *pitt* (*pytt*) III, 47, 26; *ʒis* (*gise*) : *I wis* (*ʒewis*) I, 9, 18. Man sollte in diesen Wörtern nach der Theorie von Curtis und Luick eigentlich einen langen *ẹ̄*-Laut erwarten. Zum Teil lässt sich die Kürze erklären. In ae. *slidor* kann die Liquida der Folgesilbe die Dehnung des Tonvocals verhindert haben. Das Pronomen *hire* und die Partikel *ʒise* sind infolge häufiger Unbetontheit nicht gelängt worden. Als sichere Ausnahmen gegen das Dehnungsgesetz

bleiben somit nur *bit* und *wit*, welche wohl als englische Entlehnungen zu betrachten sind. Einen andern Erklärungsversuch betreffs *wit* siehe bei Luick, Unters. § 512.

2) ae. an. *i* in geschl. Silbe, ausser vor den dehnenden Consonanten: Hierher gehören die Wörter *amyd* (*mid*), *amiss* (*miss*), *begyn(e)* (*beginnan*), *bing* (an. *bingr*), *blyn* (*blinnan*), *bring* (*bringan*), *flynt* (*flint*), *gyll* (an. *gil*), *hym* (*him*), *In* (*inn*), *in* (*in*), *is* (*is*), *lipps* (*lippa*), *mist* (*mist*) etc. etc. Da in diesen Wörtern keine speciell schottische Entwickelung vorliegt, so kann von einer Wiedergabe der Reime abgesehen werden. Beachtenswerter sind folgende Reime: *ben* (*binnan*) : *men* (*men*) II, 217, 25; *his* (*his*) : *blys* (*blīđs*, *bliss*) III, 205, 10; aber auch *his* : *Alethys* (*Aletes*) III, 232, 24; *ȝing*, *ȝyng* (*ȝeong* und *ȝing*, welches seinen Vocal *i* wohl den umgelauteten Steigerungsformen verdankt) : *thing* I, 14, 13; III, 241, 27; eine Nebenform dazu ist *ȝong* : *unsprung* II, 256, 9; *I wis* : *Caribdis* II, 235, 7; *I wys* : *Lyris* IV, 60, 30; aber auch *I wes* : *Achilles* II, 84, 22; *I wis* : *Circes* : *Prophetis* (frz. *prophetesse*) I, 11, 16; *this* (*đis*) : *blis* I, 9, 16; aber auch *this* : *Atrides* II, 47, 11; *thes* : *Achilles* II, 65, 10; *twystis* (mnld. *twist*) : *infestis* : *nestis* : *restis* I, 4, 5; *twestis* : *nestis* IV, 85, 13; *wyst* (*wiste*) : *list* (*lystan*) III, 213, 7; aber auch *wist* : *brist* (an. *bresta*) II, 176, 10; : *behest* (*hǣs*) II, 192, 18. Der Reim *myrit* (*mirran*) : *fyryt* (*fȳrian*) III, 218, 28 ist quantitativ ungenau. Die Reime auf *e* sind durch die offene Qualität des *i* bedingt und deuten nicht auf einen Übergang des *i* > *e*. Es sind halbreine Reime (vgl. Morsbach, Gr. § 114). Zuweilen haben sich die Vocale in der Orthographie assimiliert. Man findet *ben*, *twestis*, *thes*, *I wes* geschrieben und umgekehrt steht auch *brist* (an. *bresta*) im Reim auf *wist*. In den nsch. Dialekten giebt Ellis für ae. *i* verschiedene *i*- und *e*-Laute an, die nicht weit von einander entfernt sind. So hat *him* (*i*) und (*e*) D. 35. Mit (*e*) kommen ferner noch vor: *till* D. 35, *git* D. 35, *this* und is D. 34, *will* (Vb.) D. 33, 36, 37 etc.

3) ae. *ī*, gekürzt vor mehrfacher Consonanz: *blis* (*blīđs*, aber ae. auch schon *bliss*) : *is* : *I wis* I, 75, 12; daneben reimt es auf *Circes* : *Prophetis* (frz. *prophetesse*) I, 11, 19;

blist (P. P. *blīðsian*) : *wist* II, 128, 1; *lyst* (*liste*) : *mist* (*mist*) IV, 169, 14.

4) ae. *y* in offener Silbe: Das ae. *y* fiel im Norden und Mittellande schon früh mit dem ae. *i* zusammen und machte infolge dessen auch dieselbe Entwickelung durch. Über die Dehnung zu *ẹ̄* wurde schon unter den *ei*-Reimen gesprochen (vgl. oben S. 28 f.). In mehreren Fällen blieb die ursprüngliche Kürze erhalten, nämlich in folgenden Wörtern: *dyn* (Subst. *dyne*, *dyn*) : *In* (*inn*) IV, 44, 7; *dyne* : *In* II, 86, 5; *dynne* : *rynne* (*rinnan*) III, 149, 5; *dyn* (*dynian*, me. *dinnen*) : *wythin* III, 182, 26; *fordynnis* : *skynnis* (an. *skinn*) III, 109, 11. Die Kürze lässt sich vielleicht aus ae. *dynnan*, einer sicheren, wenn auch in den Wörterbüchern nicht belegten Nebenform zu ae. *dynian*, oder von an. *dynja* aus erklären. Das Subst. ist vom Verbum beeinflusst; *vndid* (*dyde*) : *hid* (P. P. *hȳdan*) III, 35, 25; hier wurde der Tonvocal nicht gedehnt, weil ae. *dyde* oft in unbetonter Satzstellung stand (vgl. Morsbach, Gr. §§ 64, Anm. 3; 130, Anm. 6; anders Luick, Unters. § 512).

5) ae. an. *y* in geschl. Silbe, ausser vor den dehnenden Consonanten: *bir* (an. *byrr*) : *hir* (*hire*) III, 110, 16; *byrth* (*gebyrd*, vgl. an. *burðr*, auch *byrð*, vgl. Noreen, Gr. § 327) : *wyrth* (*weorth*) III, 103, 19; *dint* (*dynt*) : *brint* (P. P. an. *brenna*) II, 268, 31; *dynt* : *flynt* (*flint*) III, 310, 15. Daneben hat Douglas die Form *dont* : *wont* (P. P. *ȝewunod*, anders Engl. Stud. XI, 493) II, 247, 24; *dunt* : *font* (lat. *fontem*) : *blunt* (? an. *blunda*, vgl. NED.) : *forfront* IV, 3, 13; *dittit* (*dyttan*) : *admittit* II, 202, 31; *fyll* (*fyllo*) : *hyll* (*hyll*) : *gyll* (an. *gil*) III, 148, 4; *fulfil*(*l*) (Vb.) : *will* (*willa*) IV, 70, 19; 217, 23; *first* (*fyrsta*) : *thrist* (an. *þrȳsta*) II, 154, 3; *r* in *first* reimt hier nicht; *flit* (me. *flitten*, an. *flytja*) : *witt* : *ȝit* II, 167, 11; *gilt* (P. P. *gyldan*) : *spilt* (*spillan*) II, 219, 16; *hill* (*hyll*) : *still* IV, 74, 26; *irk* (? überdrüssig sein, vielleicht von an. *yrkja* arbeiten, auf jemand wirken, ihn verletzen, vgl. ne. *it irks me*) : *Kirk* I, 122, 8; *kyn*(*e*) (*cynn*) : *in* III, 70, 14; : *begyne* II, 29, 25; *king*, *kyng* (*cyning*, *cyng*) : *thing* I, 74, 12; IV, 36, 19; vgl. auch Morsbach, Gr. § 55, Anm. 1, 5, der Haplologie annimmt; gegen ihn mit Recht Holthausen, Lgrph.

1897 col. 160, der mit Sweet, HES. S. 326 übereinstimmt; *kys* (*cyssan*) : *this* III, 185, 11; *knyt* (*cnyttan*) : *syt* (*sittan*) III, 131, 5; *lift* (*lyft*) : *thrift* (an. *þrift*) III, 54, 3; *list* (*lystan*) : *wist* II, 161, 26; aber auch mit *e* gebunden, z. B. *lyst* : *best* (*betsta*) III, 230, 31; *lest* : *infest* III, 13, 26; *pitt* (*pytt*) : *wit* (*witan*) III, 47, 25; *sik* (*swylc*) : *beseik* (*sécan*) II, 11, 22; der Reim ist weder der Quantität noch der Qualität nach in Ordnung; *syn* (Vb. zu Sb. *synn*) : *blyn* (*blinnan*) II, 170, 14; *syn* (*synn*) : *within* IV, 73, 24; *stint* (*styntan*) : *tint* (an. *týna*) I, 66, 16; *stynt* : *brynt* (an. *brenna*) III, 170, 12; aber auch *stent* : *rent* (P. P. *rendan*) III, 317, 25; IV, 153, 29; *thyn* (*đynne*) : *skyn* (an. *skinn*) III, 232, 22; *wirk* (*wyrcan*) : *dirk* (*deorc*) II, 25, 22; *wyrk* : *irk* III, 265, 1; *wirk* (= P. P.) : *dirk* III, 26, 6.

Das zu *i* entrundete ae. *y* blieb in geschlossener Silbe durchaus als Kürze erhalten. Da der Laut eine offene Qualität hatte, so sind Reime auf *e* nicht auffallend. Auch schreibt Douglas *e* für *y* (im Gegensatz zu Clariodus, vgl. Curtis § 548), z. B. *lest* und *stent* für ae. *lystan* und *styntan*. Vgl. Brandl, Anz. f. d. Alt. XIII, 100; Curtis § 545 ff. und namentlich die reiche Sammlung bei Morsbach, Gr. § 129, Anm. 2. Er hält nur die *er*-Wörter für mundartlich entwickelte Formen, die übrigen Wörter mit *e* statt *i* (= *y*) sind nach Morsbach Entlehnungen aus dem Englischen.

6) ae. an. *ý*, gekürzt vor mehrfacher Consonanz: *hid* (P. P. *hýdan*) : *vndid* (*dyde*) III, 35, 26; *hyd* : *amyd* IV, 27, 17; *tint* (P. P. an. *týna*) : *brint* (an. *brenna*) I, 53, 14; *tynt* : *dynt* III, 219, 14; *thrist* (Prt. an. *þrýsta*) : *wist* IV, 137, 21; *thryst* (P. P.) : *wyst* III, 303, 22; *thrist* (Sb. zu an. *þrýsta*) : *resist* III, 15, 7; *wys* (Sb. zu *wýscan*) : *I wys* (*ȝewis*) IV, 153, 12. Ein kurzer Vocal liegt auch vor in den Reimen *ȝym* (*ȝýman*, *ȝieman*) : *hym* (*him*) III, 130, 12; *ȝime* : *hym* III, 115, 23.

7) ae. an. *e* in geschlossener Silbe vor *n* : *brint* (an. *brenna*) : *tint* (an *týna*) I, 62, 5; *brynt* : *tynt* III, 101, 21; eine Nebenform dazu heisst *bront* : *mont* II, 155, 6; III, 180, 24; *ding* (an. *dengja*) : *rynning* III, 140, 20; *dyng* : *thing* IV, 142, 23; *hing* (an. *hengja*) : *bring* III, 251, 21;

hingis : *ringis* (Sb.) II, 257, 8; *hynt* (Inf. *hentan*) : *stynt* IV, 151, 15; *hint* (P. P.) : *stint* II, 219, 27; *hynt* (P. P.) : *stynt* III, 237, 9; *string* (*streng*) : *wavering* III, 116, 24; *stryng* : *sling* III, 288, 26.

§ 13. *ild-*, *ind-*Reime.

1) *ild*-Reime: *mylde* : *childe* III, 56, 3; *wilde* : *milde* : *childe* I, 34, 10; *wild* : *fild* II, 210, 11; : *compild* (P. P. frz. *compiler*) IV, 228, 22; : *chyld* III, 246, 7; : *oursyld* III, 46, 5; *wyld* : *child* IV, 53, 19; : *cammamyld* (frz. *camomille*) IV, 83, 27. Nsch. erscheint *wild* mit einem Diphthong, nur D. 39 hat es daneben auch den Monophthong. Auffallend ist es, dass D. 42 *child* als (*shiild*), dagegen *wild* als (*waild*) belegt ist.

2) *ind*-Reime: In Bezug auf *i* vor *nd* zeigen die nsch. Dialekte, dass in den Wörtern mit ae. *ind* der *i*-Laut bewahrt blieb, während in den Wörtern mit ae. *ynd* ein Diphthong eintrat. Auf diesen Unterschied hat zum ersten Male Curtis (vgl. § 395 ff., gegen Curtis neuerdings Heuser, Anglia XIX, 404) auf Grund der Listen von Ellis aufmerksam gemacht und das Verhältnis von *ind* und *ynd* durch die schottische Litteratur hindurch verfolgt. Eine genaue Scheidung ist nicht immer vorhanden, vielleicht ist sie durch den Einfluss der englischen Sprache, welche in beiden Gruppen Diphthongierung eintreten liess, verhindert worden. Bei Douglas lässt sich diese Scheidung auch beobachten, wenn sie auch nicht so scharf ist, wie im Clariodus, wo die verschiedene Aussprache schon durch eine verschiedene Orthographie angedeutet wird. Auf der einen Seite stehen bei Douglas die Wörter *behind* (*behindan*), *bind* (*bindan*), *blind* (*blind*), *blind* (Vb. zum Adj. *blind*, oder an. *blinda*), *find* (*findan*), *hyndis* (*hind*), *lynd* (*lind*), *tyndis*, *wind* (Sb. *wind*), z. B. *blind* (Adj.) : *behind* II, 30, 15; : *bind* (P. P.) III, 59, 21; *blyndis* (Vb.) : *fyndis* III, 207, 27; *find* : *wind* (Sb.) II, 152, 6; *wynd* (Sb.) : *lynd* III, 109, 9; *tyndis* : *hyndis* IV, 85, 27 etc. Auf der andern Seite stehen *kynd* (*gecynde* Adj., *gecynd* Sb.), *mynd* (*mynd*), *strynd* (*strynd*, *strýnd*), z. B. *mynd* : *kynd* (Adj.) II, 38, 31;

: *kynd* (Sb.) II, 209, 23; : *strynd* II, 124, 25 etc., ferner die rom. Wörter *Inde* (*Indes*, *India*), *defynd* (P. P. von *definer*) und *fynd* (gereinigt = ne. *refined*), z. B. *Inde* : *kynd* III, 201, 24; *defynd* : *mynd* II, 252, 11; *fynd* : *mynd* III, 60, 19, und schliesslich zwei Wörter mit ae. *ind*, nämlich *rynd* (*rind*) und *wynd* (*windan*), die sich zu dieser Gruppe stellen, z. B. *rynd* : *kynd* III, 78, 17; : *mynd* IV, 52, 8; *wind* (Vb.) : *Ind* III, 64, 5; *wyndis* (Vb.) : *myndis* III, 262, 32. Im übrigen sind sie genau geschieden. Auch nsch. sind die beiden letzten Wörter ebenso wie *mynd* und *gecynd* mit einem Diphthong belegt, vgl. betreffs *rind* D. 33, betreffs *windan* D. 35, 38. Aber D. 35 erscheint *gecynd* als (*kin*), während *mynd* in demselben Dialekt (*mein*) lautet. Der Schwund des Schluss-*d*, der nsch. häufig belegt ist, lässt sich bei Douglas noch nicht nachweiseu.

§ 14. *icht*-Reime.

Hierher gehören die Wörter *brycht* (*breht*, *briht*, ws. *beorht*), *dycht* (*dihtan*), *fycht* (*feoht*), *flycht* (*flyht*), *hycht* (*héahđu*), *knycht* (*cniht*), *lycht* (leicht), *lycht* (hell, Licht), *alycht* (erleuchten), (*a*)*lycht* (herabsteigen), *mycht* (*meaht*), *mycht* (*meahte*, *-on*) *nycht* (*neaht*), *plycht* (*pliht*), *rycht* (*riht*), *sycht* (*gesihđ*), *slycht* (an. *slégđ*), *wycht* (*wiht*). Einige Reime mögen genügen: *hicht* : *richt* : *micht* I, 74, 28; *brycht* : *hycht* II, 115, 9; *lycht* : *knycht* III, 244, 5; *fycht* : *dycht* III, 191, 5; *slycht* : *wycht* II, 75, 4; *lycht* : *sycht* II, 39, 3; *wycht* : *flycht* : *nycht* II, 172, 9 etc. Mit diesen *ycht*-Wörtern reimen auch *hecht* (*heht*) und *wecht* (an. *vett*, vgl. Morsbach, Schriftspr. S. 69), z. B. *hecht* : *fecht* II, 36, 30; 143, 30 etc.; *wecht* : *fecht* III, 294, 6.

Im Gegensatz zu England erhielt sich in Schottland der kurze Vocal und die Spirans bis auf den heutigen Tag. Also sprach auch Douglas das *ch*. Durch englischen Einfluss ist es verstummt in den Reimen *vnhit* (P. P., übertr. aus dem Praet. me. *highte*) : *pretermyt* III, 67, 29 und *plite* (*pliht*) : *quhite* (*hwíte*) etc. I, 36, 22; doch hat Douglas daneben die echt schottische Form *plycht* : *wicht* II, 158, 9.

Statt *y* schreibt Douglas auch *i*, wie er ja überhaupt

zwischen beiden Zeichen keinen Unterschied macht, und statt *ch* in englischer Weise *gh*, z. B. *fyght* : *flyght* III, 261, 1; *hyght* : *ryght* III, 249, 11; *wyght* : *nyght* III, 231, 11 etc.; *ei*-Schreibungen finden sich nur bei *heicht* III, 90, 8 und *feicht* II, 215, 6.

§ 15. ī-Reime.

Quellen:

1) ae. an. *ī*: *by* (*bī*) : *cumpany* II, 78, 17; *bly(i)th* (*blīđe*) : *ky(i)th* (*cȳđan*) I, 39, 18; III, 69, 25; *drive* (*drīfan*) : *arrive* (P. P.) II, 52, 5; *five* (*fīf*) : *descrive* III, 2, 19; *grise* (*āgrīsan*) : *sacrifice* II, 75, 13; *life* (auch *live*, *liue*, *lyf*, *lyfe* geschr., ae. *līf*) : *catife* (frz. *captif*) II, 106, 30; *lire* (*līra*) : *fire* (*fȳr*) II, 34, 3; *myith* (*mīđan*) : *alswyith* : *kyith* : *blyith* : *wryith* (= Prt. von *wrīđan*) I, 28, 26; *quhy* (*hwī*) : *Italy* II, 17, 6; *quhile* (*hwīl*) : *ile* (frz. *isle*) I, 78, 27; *quhryne* (? *hrīnan*) : *lyne* (frz. *ligne*) II, 221, 12; *rys* (*hrīs*) : *nys* (frz. *nice*) IV, 87, 21; *riue* (an. *rīfa*) : *discriue* I, 45, 2; *schyde* (*scīd*) : *devyd* (P. P.) IV, 19, 28; *syith* (*sīđ*) : *kyith* (*cȳđan*) I, 39, 14; *sise* (auch *sys*, *syis*, *syse* geschr., ae. *sīđas*) : *sacrifice* II, 188, 11; *swire* (auch *swyre*, *suyr*, *suyre* geschr., an. *swīri*) : *conspire* I, 12, 28; *tite* (an. *tītt*) : *appetite* II, 132, 14; *forthy* (-*đī*) : *harlotry* III, 206, 29; *thriues* (an. *þrīfa*) : *discriues* : *liues* : *kniues* I, 74, 2; *wyf(e)* (*wīf*) : *stryf(e)* (frz. *estrif*) III, 104, 26; IV, 97, 30. Ferner gehören hierher die Wörter: *byde* (*bīdan*), *bite* (*bītan*), *bakbyte* (**bæc-bītan*, vgl. an. *bakbītari* Verläumder), *flyte* (*flītan*), *myle* (*mīl*), *myne* (*mīn*), *mite* (*mīte*), *pile* (*pīl*), *pine* (Sb. zu *pīnian*), *quhit(e)* (*hwīt*), *ryde* (*rīdan*), *rise* (*rīsan*), *schyne* (*scīnan*), *schire* (*scīr*), *side* (Adj. *sīd*), *syde*, *besyd* (Sb. *sīde*), *slyde* (*slīdan*), *smyte* (*smītan*), *swyne* (*swīn*), *tide* (*tīd*), *betyde* (Vb. zu *tīd*), *tym(e)* (*tīma*), *thyne* (*đīn*), *wide* (*wīd*), *wyle* (*wīl*), *wyne* (*wīn*), *wise* (Adj. *wīs*), *wis(e)* (Sb. *wīse*), *wite*, (*wīte*), *wryte* (*wrītan*).

Abgesehen von einigen wenigen Fällen vor mehrfacher Consonanz, in denen Kürzung eintrat, ist ae. *ī* in Schottland wie in England als Länge erhalten geblieben und etwa im XV. Jh. auf schottischem Boden diphthongiert worden. Näheres vgl. bei Curtis § 432; Luick, Unters. § 29. Ganz genau ist die Zeit dieser Lautveränderung noch nicht bestimmt, aber jedenfalls ist für Douglas diphthongische Aussprache anzunehmen. Allerdings lassen sich keine direkten Beweise dafür anführen. Aber indirekt deutet folgender Umstand darauf hin. Wäre die Diphthongierung erst nach Douglas erfolgt, so hätte auch ae. *é* im Auslaut, welches bei Douglas schon ī gesprochen wurde, an diesem Vorgang mit teilnehmen müssen, und das ist nicht der Fall.

Aber neben dem Diphthong muss noch der alte ī-Laut bekannt gewesen sein, so dass viele Wörter zweierlei Aussprache hatten. Dasselbe kommt auch heute noch in der englischen Umgangssprache vor (vgl. Curtis § 443 ff.), muss damals aber einen bedeutend grösseren Umfang gehabt haben und manchmal wird in unbetonten Silben der Diphthong von dem Autor nur dem Reim zu Liebe gesprochen worden sein, während in der Prosa der Monophthong üblich war.

Eine orthographische Unterscheidung in den *i*-Lauten, wie sie Curtis im Clariodus findet, insofern dass *i* für den kurzen, *y* für den langen Laut (gespr. *ei*) geschrieben wird, ist bei Douglas nicht vorhanden. Dieselben Wörter werden ohne erkennbaren Grund bald mit *i*, bald mit *y* geschrieben. Allerdings wird *yi* nur für Länge gebraucht. Am Wortende steht *y* oder *ie*.

Im Gegensatz zu England blieb in Schottland nach den Beispielen von Ellis der Diphthong, wenn man von kleineren Abweichungen absieht, meistens auf der Stufe (*ei*) stehen. Nur selten belegt Ellis (*ai*). Beachtenswert ist der Übergang von *ei* zu *ā* in den Wörtern ae. *bī* und *mīn*, die D. 34, 35 als (*ba*), (*baa*) und (*ma*), (*máa'*) erscheinen.

Mit dem langen *i*-Laut (= *ei*) treten noch folgende als Part. Perf. gebrauchte Formen auf: *drive* (P. P.) : *belive* III, 39, 19; : *belyve* II, 209, 7; : *arrive* II, 139, 27; : *arryve* III, 95, 17; *dryfe* (P. P.) : *arrive* II, 163, 19; *wpdrive* (P. P.) : *arrive* (P. P.) II, 54, 11; *ourdrive* (P. P) : *belyve* III, 282, 13; *ryve* (P. P.) : *dryve* (P. P.) III, 123, 9; *ouerglyde* (P. P) : *syde* III, 250, 8; *schine* (P. P.) : *decline* IV, 168, 23; *smyte* (P. P.) : *byte* (*bītan*) IV, 191, 25; : *delyte* IV, 219, 13; : *quyte* (frz. *quite*) II, 248, 12; III, 32, 4; : *syte* (an. *sýti*) IV, 176,

24; : *tyte* (an. *títt*) II, 203, 8; III, 325, 18; *write* (P. P.) : *quite* (frz. *quite*) II, 10, 13 etc.

Diese Formen, welche mit ī im Reim gebunden sind, gehen nicht auf die ae. P. P. *drifen*, *scinen* etc. zurück, sondern sind Infinitive, die als Part. gebraucht werden. Daneben kommen im Versinnern auch die gewöhnlichen Part. mit *n* und kurzem Vocal vor, z. B. *ourslidin* II, 37, 24; *smyttin* II, 174, 3; *smyttyn* IV, 128, 29; *strikin* II, 179, 14; *writhin* II, 238, 22; *drevin* II, 35, 11; 43, 3; etc. (vgl. Wackerzapp S. 32). Dass obige Formen ohne *n* und mit Länge eigentlich Infinitive sind, wird durch folgende Beispiele bestätigt, in denen ebenfalls der Inf. starker und schwacher Zeitwörter als Prät. oder Part. Prät. gebraucht wird, z. B. *bind* (P. P.) : *blind* III, 59, 22; *call* (P. P.) : *Lupercall* III, 174, 31; *drc* (P. P. *dréogan*) : *see* (*sǽ*) III, 291, 6; *mak* (P. P.) : *tak* IV, 206, 28; *raik* (P. P., Vb. zu ae. *racu*) : *awaik* III, 179, 32; *seik* (P. P.) : *eik* (*éac*) III, 282, 12; *send* (P. P.) : *defend* IV, 132, 27; : *descend* IV, 159, 2; : *end* IV, 100, 10; *wend* (Prät.) : *ascend* (Prät.) IV, 187, 25; *wryith* (Prät.) : *myith* (*mīðan*) I, 29, 1; *consave* (P. P.) : *bywave* IV, 104, 1; *dissaif* (P. P.) : *craif* (Inf.) II, 202, 10; *persaif* (P. P.) : *glaif* (frz. *glaive*) II, 151, 16; *deserve* (P. P.) : *sterve* IV, 164, 29; *eschaipe* (P. P.) : *scraipe* IV, 183, 26; *rassave* (P. P.) : *drave* II, 256, 3 etc. (vgl. auch Lessmann, Engl. Stud. XXIV, 186 f.).

2) ae. *i* + *c*, *g* : *I* (*ic*, *íc*) : *by* (*bí*) II, 248, 23; zuweilen ist es zweifelhaft, ob in diesem Pronomen ī oder *ei* gesprochen wurde, z. B. in Reimen auf *company* II, 235, 3; : *poetrie* II, 5, 3 etc., aber in dem Reim *I* : *destany* (frz. *destinée*) II, 118, 20 kann nur ein Monophthong vorliegen. Es muss also nicht nur in den Wörtern mit unbetontem Vocal, sondern auch in denen mit betontem Vocal zweierlei Aussprache geherrscht haben; *hy* (*higian*, *hígian*, vgl. ten Brink, Chaucers Spr. § 21 δ; Luick, Unters. § 554): *theatry* II, 241, 8; *hyis* (Prs.) : *aspyis* III, 339, 31; *hy* (Subst. zu *higian*) : *by* II, 63, 15; *hi* : *I* (*ic*) III, 159, 32; *hye* : *cry* (frz.) II, 70, 1; aber daneben hat es Monophthong, z. B. *hy* : *army* (frz. *armée*) III, 186, 30; IV, 44, 4; 136, 15; : *destany* II, 68, 4; III, 88, 29; *ly* (ae. *licgan*, me. *lien*) : *by* II, 210, 18; *lys* : *rys*

(*rīsan*) III, 183, 8; *lyis* : *avys* (frz.) IV, 36, 9; aber auch mit Monophthong : *ly* : *army* III, 237, 18; *nyne* (*nigon*) : *hyne* (? ae. *hína* aus *higna*, Gen. Plur. von *híʒa*, *híwa*, vgl. Sweets Student's Dict.) II, 269, 22; *nine* : *diuine* I, 18, 21; *twise* (*twiʒa*) : *enemyis* II, 189, 19; *thrise* (*đriga*) : *gise* (frz. *guise*) III, 23, 26; *wy* (*wiga*) : *Italy* III, 137, 32; : *aspy* II, 260, 15; *onweilde* (*wielde* Adj. + *ig*) : *see* (*sǽ*) II, 266, 26; *onweldy* : *ennymy* III, 325, 23; *bewry* (*biwriʒen*, Part. von *bewréon* bedecken, umgeben, vgl. NED.) : *Sydony* II, 183, 22; *bewry* (Inf. *wriʒian* drehen, verdrehen, vgl. NED.) : *quhy* III, 280, 28; *wry* : *sky* IV, 66, 24; ferner gehören hierher *berry* (*berige*), *bludy* (*blódig*), *body* (*bodig*), *douchty* (*dohtig*), *drery* (*dréorig*), *lady* (*hlǽfdige*), *mychty* (*mihtig*), *mony* (*manig*), *syndry* (*syndrig*), *onthryfty*, *worthy*. Über die Ausspr. des Suffixes *y* = ae. *ig* vgl. auch Holthausen, Lgrph. 1897 No. 5 col. 161.

3) ae. *i* + *đ*: *sine* (*siđđan*, me. *sithen*) : *define* I, 61, 16; *syne* : *wyne* : *fyne* : *deuyne* I, 43, 2; aber auch mit Monophthong, z. B. *syne* : *holyne* (*holen*) III, 162, 20.

4) ae. *í* + *c*, *g*: *farlie* (Sb. zu *fǽrlíc* Adj.) : *veritie* : *be* (*béon*) : *eye* (*éage*) I, 65, 24, gesprochen mit Monophthong; *sty* (*stíg*) : *poetry* III, 7, 10. Hierher gehört auch die Adverb-Endung *-ly*, *-lie* (vgl. Morsbach, Gr. §§ 46; 67, Anm. 1). Einige Beispiele mögen genügen : *airly* : *sky* IV, 97, 19; *beselie* : *by* II, 81, 27; *gudly* : *by* III, 223, 14 etc. Aber ein Monophthong wurde gesprochen in den Reimen *suddanelie* : *kne* (*cnéo*) etc. I, 39, 19; *egyrly* : *army* IV, 147, 17.

5) ae. an. *ý*: *bride* (*brýd*) : *tide* (*tíd*) I, 60, 27; *fy* (an. *fý*) : *comedy* : *by* : *fry* (frz. *frire*) I, 47, 14; *file* (*fýlan*) : *quhile* II, 173, 4; *fire* (*fýr*) : *schire* (*scír*) II, 83, 13; *infirit* (Prt.) : *inspirit* III, 9, 5; *hyde* (Sb. *hýd*) : *syde* (*síde*) II, 40, 6; *hyd* (Vb. *hýdan*) : *wyd* (*wíd*) III, 221, 6; *hyue* (*hýf*) : *restoratiue* I, 2, 25; *ky* (*cý*) : *by* IV, 148, 24; *kith* (*cýđan*) : *swith* (*swíđe*) II, 44, 13; *ky*(*i*)*th* : *bly*(*i*)*th* I, 39, 17; III, 69, 26; *lite* (*lýt*) : *tyte* (an. *títt*) III, 180, 13; aber auch mit Kürze : *lyte* : *ʒit* : *wyt* : *promyt* III, 145, 14. Heute ist in Schottland die Form mit *l* (ae. *lýtel*) gebräuchlicher, obwohl die andere auch noch vorkommt, z. B. D. 35. Doch belegt Ellis niemals einen Diphthong, nur OEEP. I, 290 giebt er für den Süden Schott-

lands ihn in *little* als bekannt an; *myre* (an. *mýrr*) : *tyre* (*téorian*) III, 79, 6; *pride* (ae. *prýda*, vgl. Engl. Stud. XXI, 334 f.) : *wide* (*wíd*) I, 58, 8; *quhy* (*hwý*) : *by* II, 22, 13; *site* (an. *sýti*, vgl. an. *sýtiligr* sorgenvoll) : *quhite* I, 36, 18; *sky* (*an. ský*) : *by* IV, 111, 26; *skye* : *Italie* II, 134, 16; *skyis* : *rise* II, 154, 25; *tine* (an. *týna*) : *define* I, 21, 11.

6) ae. *y* + *g* : *by* (*bycgan*, me. *bien*) : *spy* (frz. *espier*) II, 49, 4; *aby* : *by* III, 241, 16; : *cry* III, 123, 12; : *Italy* III, 280, 20.

7) *ý* + *g*: *dry* (*drýge*) : *by* III, 114, 1; *dryis* (Verb.) : *denyis* I, 9, 10.

§ 16. *o*-Reime.

Quellen:

1) ae. an. *o* in geschl. Silbe: *folk* (*folc*) : *rolk* (frz. *roke*) II, 264, 24. Aus dem Reim geht hervor, dass in folk das *l* bereits verstummt war. Es wurde nur noch in historischer Weise geschrieben; *God* : *od* (an. *oddi*) IV, 172, 31; *hors* (*hors*) : *force* (frz.) II, 162, 28; : *fors* II, 70, 13; *horssys* : *enforcis* III, 248, 29; *knot* (*cnotta*) : *cote* (frz.) IV, 69, 9; *morne* (*morgen*, mit schon ae. Schwund des ȝ in der Flexion, vgl. Sievers, Gr. § 214, Anm. 10) : *Capricorne* III, 74, 7; *oft* : *soft* (*sófte*) II, 26, 25; *post* (*post*) : *bost* (? gäl. *bósd*, vgl. aber NED.) II, 247, 7; *schort* (*scort*) ; *port* (frz. *porte*) II, 97, 6; *schort* (Vb.) : *sport* (frz. *desport*) III, 52, 27; *wo(u)rd* (*word*) : *bourd* (frz. *bourde*) II, 7, 12; 245, 1; *wordis* : *bourdis* III, 13, 15; : *gurdis* (? frz. *gourdir*) : *swordis* (*sweord*) III, 146, 11. In *word* wurde der Tonvocal durch das voraufgehende *w* (nicht durch das folgende *r*, wie Curtis § 453 meint) wohl schon ganz zu *u* verdumpft. Ellis belegt es in den nsch. Dial. mit der Entsprechung des ae. *u*, daneben mit dem *o*-Laut.

2) ae. *o* in offener Silbe: *lo(i)st* (*gelosod*) : *co(i)st* (frz.) I, 38, 5; II, 265, 27.

3) ae. *ó* gekürzt: *soft* (*sófte*) : *oft* II, 26, 26.

§ 17. *old*-Reime.

bold (*beald*) : *gold* III, 323, 25; *fold* (*fealdan*) : *gold* IV, 14, 31; *fold* (P. P.) : *gold* III, 190, 9; *quently fold* (Adj.):

gold III, 229, 29; *monyfold* : *gold* I, 70, 12; II, 98, 12; 238, 22; IV, 89, 13; *behold* (*behealdan*) : *gold* : *mold* I, 69, 8; : *gold* II, 58, 2; *withhold* : *gold* II, 121, 19; *told* (*geteald*) : *gold* III, 321, 4.

Die Wörter *bold, fold* etc. sind englische Entlehnungen. Im Schottischen trat vor *ld* keine Verdumpfung des *ea* zu *o* ein. Eine Vocalisierung des *l* in *gold*, wie sie im nsch. vorkommt, lässt sich bei Douglas noch nicht nachweisen.

§ 18. *ocht* - Reime.

ae. *ó* + *ht* und *o* + *ht* fielen schon in ae. Zeit zusammen und Sweet und Ellis geben im Gegensatz zu Sievers *bróhte*, *sóhte* etc. mit Kürze an (Sweet, HES. § 403; Kluge, Grdrs. I, 868; Hempl, Mod. Lang. Notes VII, 395). Während in England sich zwischen *o* und *ht* ein Gleitelaut *u* entwickelte, der mit dem *o* zu *ou* verschmolz, blieb in Schottland der Vocal unverändert als Kürze erhalten (vgl. Curtis § 59 ff.). Länge ist nsch. von Ellis selten belegt. Ebenso wird zum Unterschied von England das ae. *h* noch heute in Schottland als gutturale Spirans gesprochen. Douglas bietet folgende hierher gehörige Wörter: *bocht* (*bohte*), *brocht* (*bróhte*, *ȝebróht*), *docht* (*dohte*), *flocht* (? vgl. Curtis § 455, der die alte Vermutung bespricht; NED., wo ein hypothetisches **flohta* angesetzt ist; vielleicht eher von an. *flótti* Flucht, mit Erhaltung des älteren *ht*), *mocht* (*meahte*, *-on*), *nocht* (*nóht*), *ocht* (*óht*), *rocht* (*róhte*), *socht* (*sóhte*, *ȝesóht*), *thocht* (*đóhte*, *ȝeđóht*), *wrocht* (*wrohte*, *ȝewroht*). Einige Reime mögen genügen: *bocht* : *nocht* III, 271, 20; *brocht* : *socht* II, 58, 19; *docht* : *nocht* IV, 27, 1; *flocht* : *thocht* II, 270, 29; *mocht* : *brocht* III, 101, 6; *ocht* : *thocht* IV, 200, 1; *rocht* : *wrocht* III, 331, 28.

§ 19. *ow*-Reime.

Quellen:

1) ae. *o* + *l*: *how* (*hol*) : *low* (Flamme, an. *log*, *logi*; vgl. aber Anglia XX, 69, wo die skand. Herk. des Wortes bezweifelt wird, kaum mit Recht) II, 264, 31; III, 45, 30;

215, 8; *knowis* (*cnoll*) : *lowis* (*hlówan*) III, 165, 17. Durch Vocalisierung des *l* entstand der Diphthong *ou*. Doch hat Douglas daneben die Formen mit erhaltenem *l*, z. B. *hoill* : *capitoill* III, 198, 12; *knoll* : *Capitoll* III, 175, 12.

2) ae. an. *o* + *g* : *low* (an. *log*) vgl. 1); *bowis* (*boga*) : *growys* (*grówan*) III, 135, 14, während der Singl. wohl unter dem Einfluss von ae. *búgan* (vgl. Luick, Unters. § 51) den *ū*-Laut bekommen hat, wie der Reim *raynebow* : *how* (*hú*) III, 195, 22 beweist; (*bū*) kann jedoch kaum die echt schottische Form gewesen sein. Denn nsch. ist ae. *boga* nicht mit (*uu*), der Entsprechung von msch. *ū*, sondern mit einem Diphthong belegt.

3) ae. *éo* + *w* : *strow* (*stréowian*, mit Accentversch.) : *grow* (*glówan*) IV, 96, 20.

4) ae. *ó* + *w* : *grow* (*grówan*) : *Pow* (*Po*) III, 260, 23; vgl. auch die unter 1) 2) 3) angegebenen Reime.

§ 20. ǭ-Reime.

Quellen:

1) ae. an. *á*: *on(e)* (*án*) : *Ilion(e)* II, 26, 8; III, 159, 14; ebenso *allon(e)*, *anon(e)*, *onon*, *ichone*, *ychone*, *ilkone*, *vpone*, *none*; *atonis* : *matronis* IV, 191, 18; *nonys* : *Amaȝonis* IV, 60, 6; *bone* (*bán*) : *Sarpedon* III, 316, 1; *boit* (*bát*) : *groit* (nddtsch. *grote*) III, 30, 19; *fro* (an. *frá*) : *Apollo* II, 123, 4; *go* (*gán*) : *tho* (*ðá*) : *ho* (Vb. abgel. von der Interjection *ho*! halt!) : *wo* (*wá*) I, 38, 26; : *Cicero* I, 12, 12; *gon* (P. P.): *Orion* II, 177, 26; *gone* : *Ilion* II, 88, 4; : *regioune* IV, 214, 3; *gost* (*gást*) : *lost* II, 113, 19; *goist* : *loist* I, 38, 4; *grone* (Sb. zu *gránian*) : *Gnatone* I, 47, 13; *gronis* (Vb.) : *illusionis* III, 330, 6; *hoit* (*hát*) : *throte* (*þrotu*) IV, 230, 13; *hoyt* : *coyt* (frz. *cote*) III, 77, 3; *hote* : *flote* (*flota*) II, 230, 20; *lord* (*hláford*) : *accord* II, 188, 25; *loir* (*lár*) : *thairfoir* I, 50, 8; *mo* (*má*) : *homo* II, 15, 4; *moir* (*mára*) : *befoir* II, 5, 13; *moyr* : *tofoyr* III, 205, 19; *mor* : *ybor* (*boren*) III, 273, 12; *more* : *forlore* (*loren*) IV, 171, 25; *almost* (*mást*) : *lost* (P. P.) II, 266, 22; *almoist* : *loist* : *coist* (frz. *coste*) : *oist* (frz. *hoste*) I, 38, 8; *mone* (= Klage, ae. **máne*, vgl. Morsbach, Gr.

§ 137) : *Yssacone* I, 46, 12; *roir* (*ȝerár*) : *boir* (an. *bora*) II, 29, 12; *soir* (*sár*) : *tofoir* I, 29, 26; *schon* (*scán*) : *regioun* III, 44, 16; *schone* : *fantone* (frz. *phantosme*) I, 3, 15; *stone* (*stán*) : *Ixion* I, 23, 23; *tokin* (*tácn*) : *lokkin* (*locen*) I, 14, 5; *two* (*twá*) : *Demoleo* II, 239, 17; *wo* (*wá*) : *Iuno* II, 185, 25; *wot*(*e*) (*wát*) : *flote* (*flota*) III, 200, 26; 290, 24; *woit* : *floit* IV, 29, 9. Auch *stro* (an. *strá*) : *fo* (*fáh*, Entw. von den flect. Casus aus) IV, 162, 8; *fone* (Plur. zu *fáh*) : *unone* II, 91, 4 und *boith* (an. *báđi*) : *wroith* (*wráđ*) III, 288, 14 können noch angeführt werden, obwohl es Selbstreime sind.

Während man früher der Ansicht war, auch in Schottland habe in gewissen Stellungen eine Neigung zur Verdumpfung des ae. an. *á* bestanden (Brandl, Anz. f. d. Alt. XIII, 95), ist man jetzt auf Grund reichlicheren Materials, namentlich der Listen von Ellis, OEEP. V, zu der Überzeugung gelangt, dass die *o*-Formen fertige Entlehnungen aus dem südlich des Humber gelegenen Sprachgebiet sind, vgl. Curtis § 75; Luick, Unters. § 97 ff.; Morsbach, Gr. § 136. Über ihre Verbreitung in der schott. Litt. vgl. namentlich Morsbach, Gr. § 136, Anm. 2. Sie wurden fast nur in der Dichtersprache verwendet und fanden selten Eingang in die Volkssprache. Die nsch. Dialekte haben nach Ellis, abgesehen von einigen selten belegten Formen, noch folgende Wörter mit *o* : ae. *strácian, hláford, swá, hálig dæg, rád* (Subst.), *ár, bát.* Douglas sprach in den oben angegebenen Reimen ein *ǫ*. Fraglich ist die Quantität der Wörter *gost* und *almost*; die wiederholt erscheinende Schreibung *goist* und *almoist* lässt Länge vermuten.

Die Reime *lo* (*lá*) : *do* (*dón*) II,194, 10; 209, 26 etc.; : *scho* (*séo*) II, 108, 6; IV, 52, 23; : *scho* : *ado* I, 70, 20 und *so* (*swá*) : *do* III, 79, 1 lassen sich auf zweifache Weise erklären. Entweder wurden *so* und *lo* so früh aus dem Englischen herübergenommen, dass sie noch an der Umbildung des *ó* zu (*yy*) teilnehmen konnten, so dass in den angegebenen Reimen (*yy*) zu sprechen wäre, oder aber *lo* und *so* wurden wie die übrigen Wörter mit *ǫ* gesprochen. In diesem Falle ist natürlich auch für die Reimwörter *do* und *scho* die englische Lautung mit *ǫ* anzunehmen. In Reimen wie *so* : *Dido* II, 8, 18 oder *also* : *Iuno* II, 153, 17 etc. wurde zweifellos *ǫ* gesprochen.

2) ae. an. *a* : *tone* (P. P.): *Demophoon* I, 32, 17. Diese Form ist erst einige Male durch sichere Reime belegt, nämlich im Ipomadon, Sir Tristrem, Clariodus und Douglas und hat wiederholt zu Erklärungen Anlass gegeben (vgl. Curtis § 23 ff., Morsbach, Gr. § 135, Anm. 9). Die richtige Erklärung ist jedenfalls die zuerst von Curtis gegebene, dass nämlich ein nördlicher Dichter südliche Formen habe anwenden wollen, ohne die englische Sprache gut zu beherrschen, und daher aus *tāne* analogisch die Form *tōne* gebildet habe. Es ist also eine hyperenglische Form, die gelegentlich in den Dichtungen Verwendung fand, aber nicht in die Volkssprache drang. Eine andere hyperenglische Form ist *ȝore* (*gearu*) : *before* II, 236, 11; *ȝor* : *memor* II, 35, 31; *ȝoir* : *befoir* II, 109, 5; : *more* (*mára*) III, 13, 20; *ȝoÿr* : *evirmore* IV, 223, 13. Möglicherweise gehören hierher auch die Reime *gove* (? an. *gapa*) : *cove* (*cofa*) III, 165, 9; *goif* : *bedoif* (*dofen*) II, 245, 4, wo vielleicht *v* den vorhergehenden Tonvocal beeinflusste (vgl. Morsbach, Gr. § 87, Anm. 4), und *schore* (? Lärm, Drohung, vgl. an. *skar*, schwed. *skorra*) : *glore* (frz.) IV, 4, 27; doch sind beide Wörter etymologisch nicht klar.

3) ae. an. *o* in offener Silbe : *bor* (*boren*) : *Castor* III, 16, 30; *boyr* : *Helenor* III, 250, 20; *tofor* : *Honour* IV, 228, 1; *scoir* (Einschnitt, Vertiefung, an. *skor*, me. *scōre*, Entw. von den flect. Casus aus) : *befoir* I, 74, 20; *spokin* (P. P. *sprecan*) : *brokin* (*brocen*) : *lokkin* (*locen*) : *tokin* (*tácn*) : *wrokin* (P. P. *wrecan*) I, 14, 1; *spokin* und *wrokin* sind Analogiebildungen nach *boren*, *brocen* etc.; *throt* (*þrotu*) : *riot* (frz.) II, 234, 20; auch *chosit* (P.P. zu *céosan*) : *closit* (Vb. zu frz. *clos*) III, 23, 21 gehört hierher. Denn in seinem Vocalismus ist es von ae. *coren* beeinflusst. Über *befoir* (*beforan*), *ybor* (P.P.), *boir* (an. *bora*), *flote* (*flota*), *forlore* (P.P.) vgl. oben 1).

In offener Silbe wurde ae. *o* im msch. wie im me. gedehnt, konnte aber nicht mit ae. *ó* zusammenfallen, weil dieses inzwischen seine Qualität verändert hatte und zu (*yy*) geworden war. Beide Laute blieben bis auf den heutigen

Tag geschieden. Gegen diese saubere Scheidung scheint bei Douglas nur der Reim *mote* (*mótian*) : *note* : *hoit* : *throte* IV, 230, 10 zu verstossen. Aber ae. *mótian*, das dem Sinn der Stelle allerdings durchaus genügen würde, kann aus lautlichen Gründen kaum das richtige Etymon sein. Man möchte ein ae. **motian* ansetzen. Jamieson, Scottish Dict., leitet *mote* von dem ae. Subst. *mot* Krümchen, Atom ab.

§ 21. ō-Reime (gespr. *yy*).

Quellen:

1) ae. an. *ó*: *behuif* (*behófian*) vgl. 2); *behuffis* : *removis* II, 168, 26; *behuvis* : *repruvis* (Sb. zu frz. *reprover*) II, 17, 17; *behuffit* : *removit* III, 165, 14; *blude* (*blód*) : *conclude* II, 214, 26; *blume* (an. *blómi*) : *tume* (an. *tóm*) : *dume* (*dóm*) : *grume* (an. *grómr*) : *presume* (frz.) I, 13, 13; *bromys* (*bróm*) : *gromis* III, 76, 24; *dome* (*dóm*) : *presume* : *Rome* I, 57, 9; *do* (*dón*) : *scho* (*séo*) II, 218, 2; *dois* (Prs.) : *muse* (frz.) III, 276, 25; *doise* : *refuse* II, 6, 30; *done* (P.P.) : *June* IV, 168, 4; *dune* : *oportune* IV, 45, 8; auf Kürze, die im nsch. öfter belegt ist, deutet vielleicht der Reim: *done* : *pauillon* II, 69, 12; *gude* (*gód*) : *fude* (*fóda*) : *flude* (*flód*) : *pulchritude* I, 54, 17; *fluid*(*e*) : *plenitud*(*e*) II, 5, 5; IV, 225, 31; *fludis* : *concludis* III, 54, 27; *flur* (*flór*) : *sepultur* II, 122, 1; *flurys* : *curys* (frz.) IV, 212, 18; *fuyr* (Prt. *fór*) : *onsuyr* (frz. *sûr*) III, 216, 32: *mysfur* : *cuir* (frz.) III, 207, 12; *mone* (*móna*) *tone* (frz. *ton*) II, 5, 8; *quoik* (Prt. zu *cwacian*, Analogiebildg. nach der VI. Klasse) : *buik* (*bóc*) I, 67, 7; *ruse* (an. *hrós*) : *gus* (*gós*) : *vse* (frz.) III, 143, 28; *sculis* (*scól*) : *stulis* (*stól*) IV, 225, 23; *sone* (*sóna*) : *trone* (frz.) III, 92, 5; : *Neptune* II, 276, 19; : *joyn* (frz. *joindre*, Stamm *join-*, vgl. *conione* : *commone* IV, 203, 19; *choiss* : *oiss* (*user*) II, 7, 4;) III, 297, 29; *stud* (*stód*) : *rude* (frz.) IV, 99, 1; *stude* : *multitude* IV, 11, 28; *sture* (an. *stórr*) : *cure* : *interlocuture* : *assure* : *creature* I, 27, 27; *stur is* : *ensuris* II, 249, 20; aber daneben hat es den englischen Laut *stour* : *tour* (frz.) II, 152, 17; *stuir* : *weriour* (frz.) IV, 52, 11; *tuik* (*tók*) : *duik* (frz. *duc*) III, 290, 22; *tuke* : *duke* IV, 176, 26; *wod*(*e*) (*wód*) : *rude* III, 28, 8; IV, 57, 18.

Während in England ae. *ó* in der me. Periode seiner Qualität nach erhalten blieb und im Neuenglischen zu *ū* weiterging (Sweet, HES. § 831 ff.), fiel es in Schottland, wie die obigen Reime zeigen, mit frz. *ü* zusammen. Dieser merkwürdige Übergang ist öfter Gegenstand der Forschung gewesen, deren Ergebnisse von Curtis (§ 459 ff). gesammelt und besprochen sind. Die neuesten Hypothesen über dies Problem sind von Curtis (vgl. namentlich § 468 und § 482, wo die erste Auffassung etwas modificiert wird) und etwas später von Luick (Unters. § 123 ff.) aufgestellt worden. Beide stimmen darin überein, dass der Lautwert des ae. *ó* im XIV. Jh. von dem des frz. *ü* verschieden war — nach Luick war er ein entrundetes geschlossenes *ō* oder *u*, welches dann für frz. *ü* substituiert wurde — und erst im XVI. Jh. die *yy*-Stufe (= frz. *ü*) erreichte, ein Übergang, den Curtis unter dem Einfluss der frz. Sprache am schottischen Hofe entstanden sein lässt, den Luick dagegen jedenfalls mit mehr Recht ohne äusseren Einfluss auf rein phonetische Weise zu erklären sucht. Im XVI. Jh. d. h. zur Zeit des Douglas sprach man zweifellos für ae. *ó* den *yy*-Laut, wie aus den Grammatikerzeugnissen dieser Zeit überzeugend hervorgeht. Die betreffenden Stellen sind teils bei Sweet, HES., teils bei Curtis a. a. O. aus Ellis abgedruckt und besonders von Curtis in eingehender Weise besprochen worden.

Zu ae. *ó* und frz. *ü* stellen sich bei Douglas die Wörter ne. *move* und *prove*, die auch nsch. z. B. D. 33 die Entsprechung von ae. *ó* haben. Ferner werden bei Douglas noch *tone* und *trone* mit (*yy*) gesprochen, vgl. ausser den angeführten Reimen auf *mone* und *sone* noch *tone* : *Neptone* II, 8, 13; : *inoportone* IV, 159, 25. Sonst erscheint bei Douglas für frz. *o* + *n* ein *ū*, z. B. *croun* (*couronne*) : *doun* (*dún*) II, 257, 3. Auch in England haben beide Wörter ihre besondere Entwickelung. Das *o* in *tone* (ne. *tune*) wird ebenfalls wie frz. *ü* behandelt (vgl. Sturmfels, Anglia IX, 556); *trone* (ne. *throne*) ist als spätere Entlehnung aus dem Französischen zu betrachten wie me. *persone* (vgl. ten Brink, Chaucers Spr. § 71).

2) ae. *u* in offener Silbe: *abufe* (*abufan*) : *behufe* (Sb.)

III, 280, 24; *abuif(e)* : *behuif(e)* (Sb.) III, 63, 22; IV, 181, 9; *abufe is* : *behufis* (Prs.) II, 113, 31; denselben Laut hat die Form mit ausgefallenem *f*, z. B. *abone* : *bone* (an. *bón*) III, 298, 23; : *mone* (*móna*) III, 77, 32; : *sone* III, 286, 24; 315, 5; 321, 26; : *Neptune* II, 31, 2; *aboun* : *doun* (*ȝedón*) II, 100, 9; (vgl. über *abufan* Morsbach, Gr. § 65 b, Anm. 10); *dur* (*duru*) : *cur* (frz.) III, 258, 3; *lufe* (*lufu*) : *behuif* (Sb.) II, 202, 6; : *remufe* (frz.) II, 174, 3; *luf* : *appruf* (frz.) IV, 176, 3; *luif* : *remove* II, 259, 24; *luife* : *remufe* II, 60, 10; *luife* (*lufian*) : *behuyfe* (Sb.) IV, 43, 23; *luffis* (Prs.) : *removis* : *behuffis* (Prs.) II, 168, 23; : *ruffis* (*hróf*) III, 104, 30; *lovit* (Prt.) : *controvit* (frz.) II, 223, 14; *luiffit* (Prt.) : *amovit* II, 188, 8; *belovit* (P. P.) : *amovit* II, 75, 25; : *behuvit* III, 293, 21; *belufit* (P. P.) : *amovit* III, 216, 25; *smoik* (**smuca*, me. *smǫke*, vgl. Luick, Unters. § 469) : *royk* (*hróc*) IV, 138, 28.

Die Frage nach der Entwickelung des ae. *u* in offener Silbe im me. wurde schon bei der Besprechung von ae. *i*, *y* in offener Silbe kurz berührt (vgl. *ē*-Reime 7, S. 28). Ebenso wie dort stehen hier die Ansichten sich einander schroff gegenüber. Nach Curtis (§ 375 ff.) und Luick (Unters. § 381 ff.) trat wenigstens auf nordh. Sprachgebiet eine Dehnung des *u* in offener Silbe allerdings nicht zu *ū*, sondern zu *ǭ* ein, da *u* zur Zeit, als die Vocale gedehnt wurden, ein offener Laut war, und somit seiner Qualität nach dem *ǫ* am nächsten stand. Dagegen erklärt sich Morsbach (Gr. § 65 b) ebenso nachdrücklich für die Erhaltung der Kürze. Die me. Formen mit langem Vocal führt er auf ae. nicht belegte Nebenformen mit *o* zurück. Im Englischen scheint auch keine Dehnung eingetreten zu sein. Aber im Nordh. findet Curtis' und Luicks Hypothese durch viele Fälle ihre Bestätigung. Freilich giebt es eine grosse Anzahl Ausnahmen, die sich teils zwar durch „back-shortening" erklären lassen, zum grossen Teil aber nur dann fortfallen, wenn man mit Luick der südhumbrischen Sprache einen sehr weitgehenden Einfluss nicht bloss auf die schottische Litteratursprache, was sehr begreiflich ist, sondern auch auf die schottische Volkssprache, was immerhin fraglich erscheint, einräumt. Bei Douglas lässt sich die Dehnung des *u* ebenfalls deutlich nachweisen. In allen oben angeführten Reimen ist (*yy*) zu sprechen. Über die Wörter mit erhaltener Kürze vgl. unten die *u*-Reime.

3) ae. *éo* : *ȝoid* (*ȝeéode*) : *woid* (*wód*) II, 113, 17; *scho* (*séo*) : *do* (*dón*) II, 218, 1; *schute* (*scéotan*) : *bute* (*bót*) II, 89, 19. In diesen Wörtern ist Accentverschiebung eingetreten, welche msch. *ǭ* (= *yy*) ergab.

4) Analogiebildung : *buir* (Prt. zu *beran*) : *cuir* (frz.) III, 6, 12; *buyr* : *suyr* (frz.) III, 130, 31; *buir* ist analogisch gebildet, aber nicht nach dem Part. *boren*, sondern, wie die Aussprache (*byyr*) zeigt, nach dem Praet. der VI. Klasse, nach *buke*, *fure*, *stude*, *tuke* etc.

§ 22. *u*-Reime.

Quellen:

1) ae. *u* in offener Silbe: *becum* (P. P. *cumen*) : *Ionium* II, 131, 22; *welcum* (P. P.) : *Laurentum* III, 151, 31. Hier blieb die Kürze des ae. *u*, obwohl es in offener Silbe stand, erhalten.

2) ae. an. *u* in geschl. Silbe : *tun* (*tunne*) : *run* II, 222, 3; *turne* (*turnian*) : *murne* (*murnan*) : *spurne* (*spurnan*) : *Saturne* : *soiurne* (frz.) I, 29, 22; *sum* (*sum*) : *Latium* III, 84, 8; *thus* (*ðus*) : *Venus* : *Varius* : *furious* : *amorous* I, 26, 18; *bus* (an. *buskr*, vgl. NED., aber bei Fritzner in der alten Sprache nicht belegt) : *Cygnus* III, 293, 18; *full* (*full*) : *woll* (*wull*) III, 143, 30; : *dull* (? *dol*, passender wäre altnordh. **dull* oder **dyll* < **dulja*, vgl. Curtis § 549) III, 89, 24; IV, 227, 14; *wounderfull* : *dull* : *full* : *bull* : *pull* (*pullian*) II, 116, 10. Über *fow* mit vocalisiertem *ll* vgl. *ú*-Reime 6, S. 54.

3) ae. *ú* : *ws* (*ús*) : *Glaucus* II, 11, 1; : *dangerus* II, 56, 23 etc. Die Kürzung ist gemeinenglisch.

4) ae. *ó* : *moder* (*módor*) : *vdyr* (*úder*) III, 196, 6; *fut* (*fót*) : *put* (Herk. fragl.) III, 256, 24. In den nsch. Dial. hat ae. *fót* sowohl die Entsprechung von ae. *ó* wie die von ae. *u* in geschlossener Silbe.

§ 23. *und*-Reime.

dround (Prt. an. *drúkna*, Morsbach, Schriftspr. S. 48; anders NED.) : *round* (frz. *rond*) II, 29, 2; *ground* (*grund*) :

found (*funden*) : *sound* (frz. *son*) : *abound* (frz. *abonder*) I, 16, 3; *grond* : *rebound* (frz.) III, 302, 24; *grund* : *sound* (frz.) IV, 191, 27; *ygroundit* : *aboundit* (frz.) : *roundit* (*rúnian*) : *resoundit* (frz.) I, 10, 14; *hunder* (*hundred*) : *founder* (frz. *fondrer*) : *wonder* (*wundor*) : *vnder* (*under*) : *thunder* (*þunor*, Entwickl. von den flect. Casus aus) I, 12, 13; *hundir* : *blundir* (vgl. an. *blunda*) II, 15, 25; *sovnd* (*sund*) : *rovnd* (frz.) IV, 84, 13; *onsound* : *habound* (frz.) IV, 44, 18; *stound* (*stund*) : *ground* (*grund*) : *confound* (frz.) : *wound* (*wund*) I, 58, 21; *sowndir* (*sundor*) : *towndir* (an. *tundr*) IV, 78, 21; *wound* : *rownd* (frz.) III, 265, 8; *woundis* : *soundis* (frz.) III, 42, 7; *wndir* : *tundyr* III, 96, 11. Die Wörter mit ae. *-und* erscheinen bei Ellis in den nsch. Dial. entweder mit der Entsprechung des kurzen ae. *u* in geschlossener Silbe oder mit *ū*. Darnach hat Curtis (§ 510 ff.) sie in zwei Klassen eingeteilt. Zu der ersten gehören alle Wörter mit ae. *-und* mit Ausnahme von *wund* Sb., *gesund* Adj. und vielleicht *stund* Sb. Zu der zweiten gehören diese drei, die Wörter rom. Herkunft auf *-ound* und Wörter wie *bound*, *crowned*, *drowned* etc. Den Grund für die Kürze in der ersten Klasse findet Curtis (§ 515) in einem nordischen Einfluss. Ob aber wirklich diese zwei Gruppen in der schottischen Sprache immer neben einander bestanden, wie Curtis meint, ist bei der grossen Zahl der Reime zwischen beiden doch sehr zweifelhaft. Erst Dunbar und Montgomery lassen sowohl in den Reimen wie in der Orthographie einen Unterschied erkennen (vgl. Curtis §§ 517; 519). Vielleicht hat sich die Trennung erst im XVI. Jh. vollzogen. Douglas macht im Reim keinen Unterschied zwischen beiden Klassen. Nach der Orthographie haben bei ihm die einsilbigen Wörter Länge, die zweisilbigen auf *-er* Kürze. Aber dieser Schluss ist nicht ganz sicher. Denn einerseits steht neben dem gewöhnlichen *ground* auch *grund* und *grond*, andererseits finden sich wiederholt die Schreibungen *sowndir* (ae. *sundor*) oder *founder* (frz.) etc. Über me. *ou*-Schreibungen vor folgender Liquida vgl. Morsbach, Gr. § 57 c, Anm. 1, welcher Bewahrung der alten Dehnung für möglich hält.

§ 24. ū-Reime.

Quellen:

1) ae. an. *ú* : *about* (auch *aboute*, *abowt* geschr., ae. *abútan*) : *dout* (frz. *douter*) II, 121, 12; *bour* (*búr*) : *lowre* (me. *luren*) : *sowre* (*súr*) : *dowre* (lat. *durus*) : *clowre* I, 25, 25; *boun* (auch *bovne*, *bown*, *bowne* geschr., an. *búinn*) : *croun* (frz.) IV, 3, 15; *broun* (*brún*) : *occisioun* IV, 188, 9; *doun* (auch *dovn*, *dovne*, *down* geschr., ae. *dún*) : *religioun* II, 93, 29; *hous* (*hús*) : *spous* (frz. *espouse*) II, 108, 8; *now* (*nú*) : *allow* (frz. *allouer*) IV, 201, 1; *out* (*út*) : *rout* (frz.) III, 132, 20; *vnderlout* (*underlútan*) : *dout* (frz.) III, 306, 28; *quhow* (*hú*) : *awow* (frz. *avouer*) II, 159, 16; *rowm* (*rúm*) : *inveroun* (frz.) III, 319, 12; *routit* (*hrútan*) : *doutit* (frz.) I, 8, 5; *schour* (*scúr*) : *stour* (frz. *estour*) III, 139, 15; *schowris* : *flowris* (frz.) IV, 83, 15; *schout(e)* (? vielleicht von an. *skúta*, auch *skúti*, Subst., ein kränkender Zuruf, *a taunt*, mit anglisiertem Anlaut) : *rout* (frz.) I, 11, 15; II, 217, 32; *sour* (auch *soure*, *sowr*, *sowre* geschr., ae. *súr*) : *stour* (frz. *estour*) IV, 195, 22; *schroud* (Vb., Neubildung zu Sb. *scrúd*, nicht = *scrýdan*) : *cloud* (*clúd*) III, 329, 24; *yschrowd* (P. P.) : *prowd* (*prúdr*) IV, 69, 24; *toun* (auch *toune*, *tovn*, *tovne*, *town* geschr., ae. *tún*) ; *renoun* (frz. *renom*) II, 268, 28.

Das ae. *ú* ist der einzige lange Vocal, der bei einer regelmässigen Entwickelung in der Mehrzahl der schottischen Dialekte von der ae. Periode bis in die Neuzeit seine Qualität nicht verändert hat. Douglas sprach daher in den obigen Reimen ein *ū*. Eine Verkürzung zum halblangen Vocal, den Ellis für Dial. 33—38 und 42 häufig belegt, scheint im grossen ganzen erst der jüngsten Lautgeschichte anzugehören. Dial. 33 hat eine besondere Entwickelung. Hier wurde ae. *ú* im Wort- und Silbenauslaut diphthongiert (vgl. Curtis § 531; Murray, DSS. S. 148).

2) ae. *ú* + *f* : *dow* (*dúfe*) : *vow* (frz. *vou*) II, 254, 20; : *wow* (*wógian*, vgl. 7) IV, 89, 17; *schow* (*scúfan*) : *fow* (*full*, vgl. 6) III, 28, 19. Wie aus dem ersten Reim hervorgeht, liegen hier lauter *ū*-Laute vor. Über *dúfe* und *scúfan* vgl. auch Luick, Unters. §§ 552; 560. Er vermutet ae. Neben-

formen mit kurzem Tonvocal, also **dŭfe* und **scŭfian*. Diese Erklärung wäre auch für den Lautstand der ne. Umgangssprache die einfachste, aber die ae. Formen sind nicht belegt.

3) ae. *ú* + *g*, *w* : *drouth* (*drúgađ*) : *south* (*súđ*) III, 310, 23; *grow* (Sb. u. Vb., me. *grūwen* schaudern, fragl. Herk.) : *now* (*nú*) I, 52, 6; II, 111, 2; *trow* (*trúwian*) : *now* II, 51, 29.

4) ae. *ú* + *h* : *rouch* (*rúh*) : *throuch* (*þurh*) III, 336, 21; *rowch* : *throwch* III, 64, 21; : *throuch* II, 158, 29. Da das Reimwort *through* sonst mit Wörtern ohne Reibelaut gebunden wird, z. B. *throw* : *thou* (*đú*) II, 107, 16; : *vow* (frz. *vou*) II, 237, 24, so beweist das entweder ein Verstummen des Reibelautes in *rouch* oder Doppelformen für *through*. Die Orthographie deutet auf das letztere hin. Eine Spur von dem *h* ist noch in den nsch. Dial. vorhanden. Ellis belegt D. 39 die Form (*throkh*).

5) ae. *u* + *g* : *fowle* (*fugol*) : *owle* (*úle*) IV, 159, 21; *fowlis* : *owlis* II, 134, 31; *ȝouth* (*ȝuguđ*) : *couth* (*cúđe*) II, 105, 30; *sow* (*sugu*) : *brow* (*brú*) : *fow* (*full*) : *how* (*hú*) I, 65, 4. Alle Reime deuten nur auf *ū*. Ein Zusammenfall von ae. *u* + *g* und ae. *ó* unter me. *ǭ* (vgl. Luick, Unters. § 389) lässt sich in Douglas' Reimen nicht nachweisen.

6) ae. *u* + *l* : *fow* (*full*) : *thou* (*đú*) : *brow* (*brú*) : *cachekow* (*cú*) III, 147, 2; und vgl. 2) 3) 5). Daneben steht die Form *full* mit nicht vocalisiertem *l*, vgl. *u*-Reime 2, S. 51.

7) ae. *ó* + *g* : *swoun* (Sb. zu ae. *geswógen*) : *doun* (*dún*) : *boun* (an. *búinn*) I, 72, 27; : *doun* II, 138, 4; IV, 134, 4; 194, 8; : *soun* (frz.) : *renoun* (frz.) : *adoun* I, 44, 25; *wow* (*wógian*) : *dow* (*dúfe*, vgl. oben 2) IV, 89, 18. Die Reime deuten wieder auf den *ū*-Laut. Das Neuenglische hat in *swoon* und *woo* ebenfalls (*uu*). Vgl. hierüber Luick, Unters. § 140 f., der in der ne. Aussprache einen dialektischen Einfluss erkennen will.

8) ae. *éo* + *w* : *ȝow* (*éow*) : *now* (*nú*) III, 308, 2. Wie in England trat hier Accentverschiebung ein.

9) ? an. *au* : *ȝoule* (schreien) : *oule* (*úle*) II, 204, 12; *ȝowle* : *owle* III, 77, 20. Das Etymon zu *ȝoule* ist vielleicht an. *gaula* mit ȝ von dem heimischen *ȝiellan*.

II. CONSONANTISMUS.

Im Vergleich zu den Veränderungen des Vocalismus sind die des Consonantismus nur geringfügiger Art. Zum grossen Teil stimmen sie mit dem me. Consonantismus überein. Man kann die Veränderungen nach drei Gesichtspunkten einteilen: 1) Übergang eines Consonanten in einen andern 2) Consonantenverlust 3) Consonantenzusatz.

§ 1. Consonantenwechsel.

Die wichtigste Veränderung bei den Gaumenlauten ist der Übergang des *c* in *ch*, wie er aus dem me. bekannt ist, z. B. *speche* (*sprǽc*) : *leche* (*lǽce*) II, 170, 28; *spreich* II, 217, 32; *teche* (*tǽcan*) : *preche* (frz.) II, 171, 14; *ichone* (*ǽlcán*) III, 102, 13 etc.; aber daneben ist die Tenuis erhalten, z. B. *ilkane* III, 138, 14; *wirk* (*wyrcean*) I, 122, 5; *quhilk* III, 40, 1; *Kirk* (*cirice*) I, 122, 7; *sik* (*swylc*) II, 11, 22; doch kommt bei schottischen Dichtern auch *sich* vor, vgl. Köster S. 49. Neben *koy* (frz. *coi*, *quei*) III, 283, 5 steht die echt schottische Form *quoy*(*e*) II, 97, 4; 102, 16; 105, 1 (vgl. NED.).

Das ae. ȝ erscheint bei Douglas ebenfalls als ȝ, z. B. *ȝeir* (angl. *ȝér*) II, 63, 12; *ȝet* (*ȝeat*) I, 67, 23; *ȝellit* (*ȝiellan*) III, 122, 14 etc.; aber an. *g* bleibt erhalten, z. B. *gyll* (an. *gil*) III, 148, 2; *gait* (an. *gata* Weg) I, 11, 3 etc. Durch an. Einfluss erklärt sich *g* statt ȝ in *gif*, *geif* II, 245, 11; III, 274, 8; *gaif* II, 149, 11; *begat* (Praet.) III, 159, 17; *geir* (*ȝearwe*, an. *gørvi*, über den Schwund des *w* vgl. ten Brink, Ch. Spr. § 210, Anm.) IV, 16, 14. Umgekehrt steht ȝ statt *g* in *ȝait* (ae. *gatu* Plur.) II, 111, 4, wo ȝ aus dem Singl. *ȝet* übertragen wurde (vgl. Curtis § 259) und in *ȝoule* (? an. *gaula*) II, 204, 12, welches von dem heimischen *ȝiellan* beeinflusst sein mag.

Für ae. *hw* tritt schottisch *quh* ein, z. B. *quhile* (*hwíle*) II, 173, 5; *quhy* (*hwý*) II, 17, 6 etc. Bemerkenswert ist, dass zuweilen für ae. *hú* die Form *quhow* z. B. im Versinnern II, 158, 28 etc. mit analogischem *quh* erscheint.

In der Labialreihe verändert sich wenig : *b* wird zu *p* in *synopar* (frz. *cinabre* oder lat. *cinnabaris*, vgl. NED.) IV, 82, 1. — Für ae. auslautendes und intervocales *f*, sowie für frz. *v* schreibt Douglas *f*, *v* und *u*, ohne irgendwelche Consequenz. Einige Reime mögen diese Willkür zeigen : *reifit* (*réafian*) : *leifit* (*lǽfan*) I, 8, 13; *crayf* (*crafian*) : *laif* (*láf*) III, 86, 32; *craif* : *dissaif* (P. P.) II, 202, 9; *life* (*líf*) : *catife* II, 106, 30; *live* : *discrive* III, 272, 20; *liues* : *arriues* I, 62, 10; *ingraue* (P. P.) : *laue* (*láf*) I, 24, 26; *haif* : *laif* II, 242, 20; *laif* : *caif* (frz. *cave*) III, 171, 27; *lave* : *cave* III, 26, 2; *belevit* (*ȝelḗfan*) : *aggrevit* II, 135, 29; *grave* (Subst.) : *haue* III, 30, 16; daneben steht *graif* III, 9, 24; ebenso stehen neben einander *draif* (Praet.) III, 32, 7 und *drave* III, 181, 4 etc. Immer mit dem stimmhaften Laut werden geschrieben *hevin* (*heofon*) II, 38, 20 und *sevin* (*seofon*) II, 228, 21.

In der Dentalreihe wird *d* zu *t* in *art* (gäl. *aird*) : *part* I, 53, 27; *cowart* (frz. *couard*) : *hart* (*heorte*) I, 73, 1; *gambatis* (frz. *gambade*) : *gatis* IV, 215, 9; *in-* (*back-*, *down-* etc.) *wart* (ae. *-weard*) : *hart* II, 59, 11; dagegen bleibt *d* in dem Subst. *ward* (*weard*) : *lard* III, 296, 1. — Auffallend ist *t* statt *d* in folgenden Infinitiven: *rent* (*rendan*) : *firmament* III, 48, 3; : *incontinent* III, 265, 20; *schent* (*scendan*) : *entent* II, 75, 2; III, 104, 31; *sent* (*sendan*) : *omnipotent* III, 281, 27; *went* (*wendan*) : *orient* III, 67, 3. Es scheint eine Übertragung des Part. auf den Inf. zu sein, wie andererseits die Infinitivformen häufig als Part. verwendet werden. — Die Endung des Praet. und Part. der schwachen Verba ist *-it* statt *-ed*, z. B. *callit* : *stallit* III, 295, 9; aber das ist keine Eigentümlichkeit des Douglas, sondern allgemein schottisch.

In einigen frz. Wörtern erscheint *d* statt *t* dadurch, dass die frz. Endung *-ent*, *-ant* durch das heimische schottische Suffix *-and* ersetzt wurde, nämlich in *giand* (*géant*) : *ganestand* II, 59, 18; *cunnand* (*covenant*) : *land* II, 266, 30; *recryand* (*recréant*) : *stand* IV, 5, 13; *presand* (*présent* Sb.) : *hand* II, 157, 8; aber das Adj. "an- (ab-) wesend" hat *t*, z. B. *present* : *absent* : *gent* : *testament* I, 14, 28.

Für ae. *đ*, *þ* schreibt Douglas häufig *d* und bindet es im Reim auch oft mit *d*, z. B. *brothir* : *schuddir* (nddtsch.)

III, 305, 11; *vthir* : *brodir* II, 41, 16; *wther* : *modir* II, 140, 4; *vther* : *fudder* (*fóđor*) III, 277, 1. Gewöhnlich wird aber *brother* z. B. II, 167, 14 etc. geschrieben. Vielleicht erklären sich auf diese Weise auch Reime wie *deid* (Subst. ae. *déađ*) : *steid* (*stede*) II, 94, 7 etc., oder *deid*, die herrschende nördliche Form, ist als Substantivierung des Adj. ae. *déad* anzusehen. Douglas hat daneben die regelmässige Form *deith* : *breith* (*brǽđ*) IV, 13, 15. Ferner stehen sich als Doppelformen einander gegenüber *forthirmoyr* III, 95, 2 und *fordyrmor* IV, 7, 5, *Feird* (*féorđa*) I, 81, 3 und *fourt* (vgl. die Überschr. des IV. Buches) und *eird* (*eorđe*) I, 81, 6 und *eirth* I, 2, 21. Bei *eird* könnte man an ae. *eard* Land, Gegend, Heimat, als Etymon denken, aber der Ausdruck *heuin and eird* I, 21, 7 zeigt deutlich, dass hier *Erde* gemeint ist.

Nur mit *d* für ae. *đ* erscheinen die Wörter *feid* (*fǽhđ*) : *steid* (*stede*) II, 22, 6; *swidder* (? von ae. *swæther*, nach Jamieson): *considder* I, 67, 14; durch regressive Assimilation erklärt sich *d* in *ourcled* (ae. *clǽđan*, Prt. *clǽđde*, *clǽdde*, me. *cledde*, P. P. *cled*) : *fled* II, 204, 30.

Hinter *h* wird *đ* zu *t* in *hicht* (*héahđu*) : *micht* II, 45, 3; *sicht* (*ʒesihđ*) : *wicht* I, 54, 8; *slycht* (an. *slǿgđ*) : *wycht* II, 75, 4.

Die Veränderungen in den Zischlauten sind in Schottland fast ganz dieselben wie in England. Das ae. *sc* wird zu *sch*, z. B. *schame* (*sceamu*) II, 24, 16; *schane* (*scán*) II, 87, 8 etc., während *sc* frz. oder an. Herkunft erhalten bleibt, z. B. *reskew* III, 118, 15; *scawde* II, 11, 16; *scant* II, 43, 12; *scaith* II, 70, 9 etc.; *skreid* (*scréade*) I, 121, 7 ist vielleicht von entsprechenden an. Wörtern beeinflusst, vgl. *skrjóđr* zerfetztes Buch, Kluge, Et. Wörterb., nicht bei Fritzner; doch sind Walls Ausführungen über die Unsicherheit dieses Merkmals skand. Lehnwörter sehr beachtenswert, Anglia XX, 70 ff.; *schore* IV, 4, 27 und *schout* I, 11, 15 sind etymologisch nicht ganz klar. — Für *sk* erscheint *ks* = *x* in *axin* (*asking*) IV, 70, 20, wie schon ae. die Nebenform *axian* auftritt. — Speciell schottisch ist der Übergang von anlautendem einfachen *s* in *sch* bei dem Worte *Schir* (frz. *sire*) I, 28, 22; *schirris* II, 19, 10; daneben steht *syre* IV, 140, 23.

Abweichend vom Englischen wird in dem Hülfsverbum *sceal* und *sceolde sc* zu *s* vereinfacht, z. B. *sall* I, 54, 5; *suld* II, 118, 14. Dasselbe findet im Auslaut statt, z. B. *as* (*asce*) : *was* III, 23, 17; *bus* (an. *buskr*, me. *bush*) : *Bacchus* II, 193, 28; aber *buskis* II, 159, 11; *wys* (Sb. zu *wýscan*) : *I wys* IV, 153, 12.

Das ae. *x* wird zu *s* in *fas* (*feax*) : *as* (*assa*) II, 169, 22, bleibt dagegen bis auf den heutigen Tag in *ax* (*eax*) : *strakis* IV, 19, 23. Umgekehrt wird für *s* ein *x* geschrieben in *fax* (frz. *face*) II, 84, 25 und in *peax* (frz. *pais*) IV, 60, 3; 176, 30; 217, 10, wohl unter dem Einfluss des lat. *pax*. Gesprochen wurde aber *s*.

Die Nasale haben sich, so weit sie englischen Ursprungs sind, nicht verändert. In zwei Wörtern fremder Herkunft wird *m* zu *n*, nämlich in *fantone* (frz. *fantosme*) : *stone* I, 3, 12 und in *scant* (an. *skamt*) : *grant* II, 43, 12. — Die frz. mouillierten Consonanten werden durch einheimische Consonanten ersetzt. Das mouillierte *n* wird zu *ng* oder zu einfachem *n*, z. B. *benyng* (*benigne*) : *king* III, 94, 3; *ding* (*digne*) : *reveling* III, 203, 3; *conding* : *thing* I, 41, 13; *ling* (*ligne*) : *sling* IV, 192, 12; *resing* (*resigner*) : *smyling* II, 171, 19; *sing* (*signe*) : *thing* IV, 165, 28; *lyne* (*ligne*) : *divyne* II, 221, 11; *carion* (*caroigne*) : *anon* III, 168, 22; *montane* (*montagne*) : *Almane* (*Allemagne*) : *Spane* (*Espagne*) : *Tuskane* I, 42, 5; *montane* : *stane* II, 269, 15.

Ebenso wird frz. mouilliertes *l* zu einfachem *l*, z. B. *apparall* : *all* IV, 215, 22; *assaill* : *fatall* II, 20, 14; *bataill* : *haill* (*hál*) IV, 135, 8; *faill* : *equale* III, 287, 11; *quaill* (*quaille*) : *vaill* (frz. *val*) IV, 87, 25; *travaill* (*travail*) : *saill* (*seglian*) II, 260, 28 etc.

Selten tritt eine Metathese des *r* ein, z. B. in *byrnie* (an. *brynja*, me. *brinie*) III, 127, 5. In ae. *græs* kann sie eintreten und kann auch unterbleiben. Douglas schreibt V. J. *gers* III, 52, 15; 143, 23; *gersis* II, 132, 19; aber daneben reimt er *gres* : *addres* III, 88, 8. Nach Ellis existieren beide Formen noch heute in Schottland. Zum Unterschied vom Englischen zeigt sich keine Metathese in *thrid* (*đridda*) III, 74, 7 und in *threttene*, vgl. die Überschrift des XIII. Buches.

§ 2. Consonantenschwund.

Über den Schwund resp. die Vocalisierung des *g* vgl. § 5, 1; 2; 7; § 6, 5; 7; 8; § 11, 5; 6; 7; 8; 10; § 15, 2; 4; 6; 7; § 19, 2; § 24, 3; 5; 7; des *h* vgl. § 5, 3; 5; § 9, 4; § 11, 6; § 24, 4; des *w* § vgl. § 5, 4; 6; § 9, 1; 2; 3; § 19, 3; 4; § 24, 3; 8; des *l* vgl. § 3, 2; § 9, 5; § 19, 1; § 24, 6: des *f* vgl. § 24, 2; des *j* vgl. § 11, 9.

Das Praefix *ȝe-* fällt gewöhnlich ganz fort, ist es aber erhalten geblieben, so lautet es *y*, z. B. *I wis* (*ȝewis*) I, 11, 16; *yfeir* II, 39, 15; *yferis* III, 29, 5; *ysowndir* (*ȝesundor*) II, 29, 19; auch in dem Part. Praet. ist dies Praefix noch vorhanden, z. B. *yboundit* I, 35, 15; *ybound* II, 12, 25; *ydraw* IV, 218, 32; *ygroundit* I, 10, 14; *ybor* III, 273, 11; *ysent* I, 57, 18; *ybe* IV, 11, 21 etc. Es wird sogar auf franz. Part. übertragen, z. B. *yclois* III, 86, 28.

In dem Pronomen *hit* fällt *h* fort, z. B. *it* I, 52, 24. — Öfter schwindet *c*, *k*, z. B. in *droun* (an. *drúkna*, Morsbach, Schriftspr. S. 48; anders NED.) : *adoun* III, 20, 12; *dround* : *round* (frz.) II, 29, 2; *sant* (lat. *sanctus*) : *cant* III, 143, 22; : *grant* (P. P.) III, 44, 24. Auch wenn *c* noch geschrieben wird, so zeigt doch das Reimwort, dass es nicht mehr gesprochen wurde, z. B. *sanct* : *grant* I, 80, 8; IV, 226, 15; *sanctis* : *dantis* I, 19, 20. — Das Praet. zu ae. *ćwencan* heisst bei Douglas *quent* : *went* II, 219, 29 und *quenchit* II, 180, 2; von ae. *drencan* lautet das Part. *drint* II, 167, 5; statt *drownit* I, 53, 10 ist *drint* zu lesen, wie das Reimwort zeigt. — Wie im me. fehlt *c* natürlich auch in *maid*, Praet. und Part. zu *macian*, und in *tane*, Part. zu *taka*. — Im Part. Praes. *axin* (*asking*) im V. J. IV, 70, 20 ist *g* in der Schrift abgefallen, so dass statt des gutturalen Nasals ein einfacher Nasal gesprochen zu sein scheint, wie auch heutzutage in der Londoner Vulgärsprache.

Von den Dentalen schwindet *ð* in *sys* (*sîðas* Plur.) : *gys* (frz. *guise*) III, 135, 15 und in *syne* (*siððan*) : *wyne* (*win*) II, 34, 7. — Häufig wird *t* am Wortende, besonders nach *k*, abgeworfen, z. B. *infek* : *nek* II, 91, 9; *stupifak* : *spak* I, 56, 6; II, 262, 19; *stupefak* : *spak* III, 88, 28; IV, 203, 32; *con-*

trak : *mak* IV, 105, 8; *effek* : *brek* III, 226, 15; : *nek* I, 54, 9; *effeck* : *nek* III, 51, 7; zuweilen wird *t* noch geschrieben. aber, wie die Reime zeigen, nicht mehr gesprochen, z. B. *effect* : *brek* III, 18, 9; : *nek* III, 78, 31. — Das Zahlwort ae, *hundred* verliert das Schluss-*d*, z. B. *hunder* : *founder* (frz. *fondrer*) I, 12, 13.

In der Labialreihe ist *b* hinter *m* durch die bekannte progressive Assimilation geschwunden, die Luick (Unters. § 463) bis etwa 1250 zurückdatieren möchte. Bei Douglas beachte z. B. *dum* (*dumb*) : *cum* II, 130, 8; *lam*(*mis*) (*lamb*) : *dam*(*mis*) (frz. *dame*) III, 251, 29; IV, 85, 31; *clam* (Praet.) : *swam* I, 53, 7; *toim* (frz. *tombe*) : *Rome* III, 70, 24; *wame* (*wamb*) : *fame* II, 145, 25. Dasselbe findet im Wortinnern statt, z. B. *trumbill* (frz. *trembler*) : *brymmil* (*brémel*) II, 159, 9; vgl. auch im V. J. *rummyll* (ne. *rumble*) II, 154, 24; vgl. hierüber Murray, DSS. S. 120. Das Verstummen des *b* lässt sich auch dadurch nachweisen, dass hinter *m* ein nicht berechtigtes *b* geschrieben wird, z. B. *flambis* II, 268, 32; *flambes* II, 93, 32 etc. — Von den gemeinenglischen Fällen wie *had*, *heid* (*héafod*), *lord*, *lady* etc. abgesehen, ist *f* ferner geschwunden in *twelt* (vgl. die Überschrift des XII. Buches), in *vmest* (*ufemest*) II, 41, 8; *vmast* IV, 122, 10 und in *abone* (*abufan*) : *bone* III, 298, 23. Auch in dem Pronomen ae. *self* konnte *f* verstummen wie in den nsch. Dialekten, z. B. *mysell* : *tell* I, 13, 26. Doch kommt es bei Douglas daneben mit *f* vor, z. B. *self* : *pelf* II, 79, 6; : *delf* IV, 216, 5.

Der *w*-Laut ist geschwunden in *geyr* (*gearwe*, vgl. ten Brink, Ch. Spr. § 210, Anm.) : *deyr* (*déor*) III, 312, 4; in *sik* (*swylc*) : *beseik* II, 11, 22 und in *ouirthort* (an. *þvert*) : *report* I, 13, 4; manchmal fehlt es auch in ae. *swá*, z. B. *sa* II, 10, 29 etc.; aber daneben hat Douglas häufig *swa* II, 113, 16 etc. Die nsch. Dialekte haben in diesem Wort kein *w* mehr. Dagegen bleibt in dem Zahlwort ae. *twá* das *w* bei Douglas, vgl. *twa* III, 309, 17, wie in der nsch. Aussprache erhalten.

Das *r* wird unterdrückt in *supprise* I, 62, 28 und in *awblasteir* (frz. *arbalestier*) IV, 69, 4.

Der gutturale Nasal *ng* wird zum dentalen Nasal geschwächt in *bysprent* (P. P. *sprengan*) : *stent* II, 216, 5. — Ganz geschwunden ist *n* in *almoseir* (frz. *almosnier*) I, 68, 27 und gewöhnlich in *beforan*, z. B. *befor* : *Hector* II, 84, 11; aber zuweilen ist es noch bewahrt, z. B. *to forne* : *forsworne* II, 16, 17; : *mansworne* II, 16, 31. Auch in dem Part. Praet. fällt häufig *n* ab, z. B. *broke* III, 123, 9; *byget* : *det* (frz. *dette*) I, 33, 28; *found* : *resound* II, 166, 19; *vpgeve* : *beleve* IV, 18, 3; *song* (*sungen*) : *tong* II, 4, 19; *rong* (me. *rungen*) : *tong* II, 4, 2; (*our*)*cum* (P. P.) : *sum* III, 92, 3; IV, 5, 16; 15, 32; aber daneben hat Douglas *cu*(*m*)*myn* : *nummyn* III, 14, 14; 332, 3; *cumin* : *wunnyn* II, 244, 1; *ourcummin* II, 181, 7. Des Reimwortes wegen kann *n* auch in ae. *boren*, *loren* unterdrückt werden, z. B. *bor* : *Castor* III, 16, 30; *boyr* : *evirmoir* III, 272, 21; : *Helenor* III, 250, 20; *ybor* : *mor* III, 273, 11; *yboir* : *forthirmoyr* III, 95, 1; *vpbore* : *tharfor* IV, 96, 9; *forloir* : *imploir* I, 27, 1. Aber daneben hat Douglas *vpborne* : *beforne* I, 56, 22; *furthborn* : *horn* IV, 99, 31; *lorn* : *suorn* IV, 117, 7.

Im Infinitiv ist der Abfall des Schluss-*n* durchaus regelmässig und bei Douglas fast immer durchgeführt. Nur selten finden sich noch Infinitive mit *n*, z. B. *flene* (*fléogan*) : *grene* II, 220, 4; *sane* (ne. *to say*) : *auguryane* III, 234, 9; : *agane* II, 74, 13; III, 5, 23; : *pane* (frz.) III, 4, 27; : *remane* III, 6, 3; *sayne* ; *agayne* II, 10, 9; *sene* (*séon*) : *betwene* I, 45, 17; : *bene* (Part.) II, 94, 15; : *sustene* III, 247, 8; *seyne* : *schene* II, 220, 5; *gone* (*gán*) : *one* I, 50, 10. Ebenso haben noch ein *n* der Plur. Conj. Praes. *lene* (*léogan*) : *ene* (*éagan*) II, 10, 23, die als erste Person Singl. Praes. Ind. gebrauchte Form *sane* (ich sage) : *twaine* (*twegen*) II, 158, 28 und der Plur. Praes. Ind. *sayn* : *slayn* (*slægen*) IV, 214, 17.

§ 3. Consonantenzusatz.

Manchmal wird ein *c* eingeschoben zwischen *s* und *l* in *sclenkis* III, 108, 5 und in *sclaik* (*slacian*) III, 296, 32 (vgl. Sievers, Gr. § 210, 1). Aber daneben hat Douglas *slak* II, 274, 15 ohne *c*.

Hinter *n* wird ein *d* angefügt in *roundis* (*rúnian*) : *soundis*

IV, 32, 7; *roundit* : *ygroundit* I, 10, 11; doch steht daneben im V. J. *rownis* II, 256, 12; *resound* (frz. *resoner*) : *found* II, 166, 18; *sound* (frz. *son*) : *ground* II, 250, 31; aber letzteres gebraucht Douglas auch häufig ohne *d*, z. B. *soun* : *doun* (*dún*) III, 126, 6. Zwischen *m* und *n* wird ein euphonisches *p* eingeschoben in *ympnis* "Hymnen" III, 170, 17; ebenso zwischen *n* und *r* ein *d*, z. B. *thunder* (*þunor*, Gen. *þun*(*o*)*res*) : *vnder* I, 12, 20. In den nsch. Dial. ist es wieder verschwunden (vgl. Murray, DSS. S. 121).

Ein *t* ist angefügt in *behest* (*hǽs*) : *rest* IV, 7, 16. In andern Fällen ist es nur orthographisch angehängt, ohne für die Aussprache in Betracht zu kommen, z. B. *aneucht* (*genóh*) : *dreucht* (*dróh*) II, 91, 5; *lyntht* : *stryntht* II, 34, 5; *scaitht* : *baitht* II, 93, 31; *wraitht* : *aitht* II, 17, 9; *foutht* II, 7, 6. Da *l* häufig verstummt war, aber oft noch geschrieben wurde, wurde es auch in Wörtern geschrieben, in denen es keine Berechtigung hatte, z. B. *rolk* (frz. *roke*) II, 264, 23; *rolkis* II, 145, 11; *walknit* (*wæcnan*) II, 161, 2; *walxis* (nordh. *wæxa*, ws. *weaxan*) IV, 84, 31; 140, 23; *wolx* (nordh. *wóx*, ws. *wéox*) II, 97, 2 etc. Skeats Versuch (Chaucerian and Other Pieces, Oxford 1897 S. 524 f.), diese *l*-Epenthese durch ein Missverständnis der Leser zu erklären: man habe das von den Schreibern für *kk* gebrauchte Zeichen fälschlich als *lk* gelesen, wird durch die *lx*-Schreibungen widerlegt.

Ein *n* ist eingeschoben in *messingeir* (frz. *messager*) II, 197, 10; *messinger*(*e*) III, 92, 1; 98, 21; *messingeris* III, 100, 15.

ANHANG.

ÜBER DIE ECHTHEIT DES „KING HART“.

Über Douglas' „Palice of Honour“ und den „King Hart“ (ed. Small: The Works of Gavin Douglas. Bd. I, 83—120) ist vor einigen Jahren eine vergleichende Arbeit erschienen von Horneber: „Über King Hart und Testament of the Papyngo“, Programm, Straubing 1893. Indem der Verfasser die stilistischen Eigentümlichkeiten des „Palice of Honour“ und „King Hart“ vergleicht, kommt er zu dem Schluss, dass beide Werke nicht von demselben Dichter herrühren können und spricht dem Douglas die Autorschaft des K. H. ab.

Hier mögen als Ergänzung dazu noch einige Bemerkungen über die Sprache des K. H. ihren Platz finden. Ich beschränke mich im Wesentlichen auf eine Prüfung der Reimwörter. Auf die lautlich unsicheren Wörter im Versinnern, auf den Wortschatz im allgemeinen, der im K. H. auch viel Eigentümliches zu haben scheint, konnte keine Rücksicht genommen werden, da kein irgendwie zuverlässiges Special-Glossar der Dichtungen vorhanden ist.

Die Reime des K. H. tragen im ganzen dasselbe Gepräge wie die Reime in den sicher von Douglas verfassten Werken. Es ist daher ein schottisches Denkmal und wird in derselben Zeit entstanden sein, wie Douglas' Werke, was auch ausserdem noch aus den Beziehungen zu David Lyndesays „Testament of the Papyngo“ (vgl. Horneber S. 26 ff.) hervorgeht. K. H. bietet vielleicht einen reineren Dialekt als Douglas, doch fehlen Entlehnungen aus dem Südenglischen auch bei ihm nicht, z. B. *moir* : *befoir* 104, 15; *behold* : *gold* 89, 5.

Im folgenden werden zuerst die in lautlicher Beziehung auffallenden Reime des K. H. besprochen, dann die Reimwörter des K. H. angeführt, welche bei Douglas nicht zu finden sind. Denn falls die kleine Dichtung des K. H. eine grössere Anzahl von Reimwörtern bieten sollte, welche sich in der Masse der Douglas'schen Reime nicht finden, so gewinnen wir damit ein starkes Argument gegen die Einheit des Autors. Schliesslich wird noch auf einige allgemeine Eigentümlichkeiten des K. H. Dichters hingewiesen.

1) Lautlich auffallende Reime des K. H.: *bed* : *glede* (*glida*) 98, 25. Es reimt hier ę̆ : ę̄. Ähnlich ist die Bindung *men* : *ken* : *kene* (*céne*) : *len* (*lǽnan*) 97, 22, wo è : ĕ : ẹ̄ : ę̄ reimt; *kene* reimt sonst im K. H. mit ẹ̄, z. B. *kene* : *schene*

90, 11; : *grene* 92, 16. — *ȝemit* (*ȝieman gýman*) : *stemit* : *temit* *demit* 116, 26. Der Reim ist durchaus in Ordnung; doch ist beachtenswert, dass Douglas dasselbe Wort mit Kürze gebraucht, z. B. *ȝym* : *hym* III, 130, 12; *ȝime* : *hym* III, 115, 23; *ȝimmit* I, 29, 16; *ȝymmand* II, 158, 29; — Für *rayd* : *gyde* 90, 6 ist des Reimwortes wegen *ryde* zu lesen, obwohl der Satz sonst nur Praet. enthält. — *wonnd* (? *wunedon*, Praet. von *wunian*) : *funde* (*funden*) 114, 14 ist ein auffälliger Reim. Nach dem Curtis-Luick'schen Dehnungsgesetz müsste es (*wǭne*) gelautet haben. Aber auch für den K. H. ist die überlieferte Form *wonnd* anstössig. Vielleicht haben wir eine der vielen Verderbnisse des Textes vor uns und zu lesen: *wound* = ae. *wundon*, Praet. von *windan*, welches me. häufig die Bedeutung "sich wenden, gehen" hat. Dann hätten wir einen *ū*-Reim vor uns. Doch vgl. auch die Form *wonn* im V. J. 85, 16. — *mvre* (*mór*) : *sture* (an. *stórr*) : *bure* (Prt. zu *beran*) : *smvre* (*smorian*) 116, 10. Es reimt hier also das *o* der offenen Silbe in ae. *smorian* (gespr. *ǭ*) mit ae. an. *ó*, welches die Aussprache (*yy*) hatte. Douglas hält beide Laute durchaus getrennt, vgl. oben S. 47 f. Das nach der VI. Klasse gebildete Praet. *bure* mit (*yy*) findet sich auch bei Douglas. — *lowde* (*hlúd*) : *woude* (*wód*) 93, 10, eine höchst seltsame Bindung. In keinem schottischen Dialekt können ae. *ú* und ae. *ó*, ausser wenn sie gekürzt sind, mit einander reimen, da letzteres (*yy*) gesprochen wurde; *woude* ist daher als eine Entlehnung aus dem Englischen anzusehen, wo im XVI. Jh. ae. *ó* zu *ū* weiterging. Eine solche Entlehnung gestattet sich Douglas nicht. — Andere Reime wie z. B. *seruitouris* : *curis* 86, 17 und *seruitour* : *cure* : *sure* : *misaventure* 107, 14 sind wohl auffallend, aber Douglas hat ähnliche, z. B. *interlocuture* : *cure* : *assure* : *sture* : *creature* I, 27, 24 oder *interpretur* : *cur* II, 141, 7. In dieselbe Rubrik gehört der Reim *thesaure* (lies *tressour* wie 108, 14) : *dure* (*duru*) : *pure* (me. *poore*) : *dure* (frz. *durer*) 117, 27. In allen diesen Fällen liegt wohl Suffixvertauschung vor. — *luge* : *huge* 109, 16 ist der Bedeutung nach nicht ganz klar. Pinkerton (vgl. die Anm. I, 151) übersetzt es mit "Firmament" und leitet es vom celt. *lug*, *log* ab. Bringt man es mit frz. *loge* in Verbindung, so bietet Douglas analoge Reime, z. B.

luge (Vb.) : *huge* (frz. *ahuge*) II, 163, 12; III, 102, 6; IV, 230, 5; *ludge* (Vb.) : *huge* : *judge* : *refuge* I, 52, 13.

Auch im Consonantismus hat K. H. einige Eigentümlichkeiten für sich. Reime von *t* : *d*, z. B. *suppleit* (Praet.) : *dreid* (Subst.) 99, 10; *justifeit* (P. P.) : *wyde* (*wíd*) 106, 14 scheut auch Douglas nicht, vgl. *heid* (*héafod*) : *feit* (*fét*) im Versinnern I, 79, 22. Beachtenswerter ist, dass nur im K. H. die Infinitive ae. *macian* und an. *taka* im Reim ohne *k* vorkommen, z. B. *ta* : *ma* : *ga* 98, 18; *ta* : *ga* 102, 24; 106, 13. Daneben hat K. H. auch die gewöhnliche Form mit *k*, z. B. *tak* : *abak* 111, 23 oder *mak* : *spak* 111, 28. Douglas hat im Reim ausser den gewöhnlichen Formen mit *k* nur die flectierten Formen ohne *k*, z. B. *tays* : *fais* II, 98, 22; *wptais* : *fais* II, 126, 2.

2) Die im folgenden angeführten, durch cursiven Druck hervorgehobenen Reimwörter des K. H. finden sich nicht bei Douglas im Reim. Wörter wie *Wantownes* oder *Invy* und dgl. sind nicht mitangeführt, weil sie sich durch die Wahl des Themas von selbst ergaben: *blait* (? blát, vgl. NED.) : flate (Praet.) 115, 16; *bow* (búgan) : fow (full) 118, 12; *breir* (brér) : heir (héran) 105, 28; *brow* (brú) : *mow* (frz. moue) 120, 1; *cloik* : *soke* 90, 25; *cowris* (an. kúra) : flouris 114, 11; *kowris* : *ȝouris* (éower) : bowris : towris 99, 11; *flang* (Prt. zu me. flingen, an. flengja) : wrang 92, 9; *fuge* (? frz. fouaige Spitzaxt) : huge 109, 19; *fulis* (frz. fol) : sculis (scól) 109, 10; *gane* (an. gegna) : agane 115, 12; *heif* (? hebban, me. heven) : leif (léaf Erlaubnis) 116, 1; *heve* : leif (lǽfan) : reve : deve (déafian) 118, 5; *nocht to layne* (an. leyna) : payne (frz.) 85, 13; *that nocht can lane* : agane 91, 23; *layne* ist ein beliebtes me. Flickwort, das Douglas nicht hat; *leik* (léac) : seik 119, 20; *leip* (hléapan) : sleip 118, 24; *mang* (fragl. Herk., vgl. an. manga) : strang 89, 4; 96, 3; *myn* (an. minne) : in 87, 24; *mvming* (Bedeutung fragl.) : comeing 104, 27; *pan* (panne) : man 104, 5; *paramour* : soure 113, 12; *prene* (préon) : sene 89, 27; *route* (? Schlag) : dout 101, 23; *be the rude* (ród) : blude 102, 4; : gude 118, 27, eine sehr beliebte me. Flickphrase; *schinnis* (scin) : begynnis 117, 18; *scour* (me. scouren, ? frz. escurer) : *powre* (me. pouren) : bour : *mesour*

(frz. mesure, mit Wandel von ü zu u, vgl. Engl. Stud. XXIV, 289 f.) 119, 6; *our sleif* (vergehen, vorbei schlüpfen, Herk. fragl.) : leif (léaf Erlaubnis) 107, 23; *sleit* (*slíete) : weit 88, 24; *temit* (an. tøma) : ȝemit : *stemit* (Bedeutung fraglich, vermutlich mit Aphärese = estemit geschätzt) : demit 117, 1; *tume* (an. tómr) : *forsume* (? mit Praefixwechsel für consume oder Lehnwort aus einem continental-deutschen Dialekt, vgl. ndld. zuimen, mhd. versûmen, vgl. neuerdings NED.) 107, 26; *vnderly* (? = ae. licgean, me. lien) : occupy 86, 7; *vre* (frz. eur) : misaventure 85, 2; *bowsum as ane waile* (vermutlich wyle zu lesen, ae. wilig, welig Weide) : begyle : quhyle : oursyle (? Herkunft und Bedeutung fraglich, wohl zu ne. ceil gehörig, vgl. NED.) 112, 7; *wilk* (weoloc, me. welk) : milk : silk : ilk 110, 15; über den seltenen Ausdruck des K. H. *not* . . . *wirth ane wilk* vgl. Anglia XV, 106. Bei manchen dieser Reimwörter kann es gewiss Zufall sein, dass sie bei Douglas nicht zu finden sind, aber ihre Zahl ist für den Umfang des Gedichtes eine so grosse und viele davon sind so eigenartig, dass schon sie allein eine Verschiedenheit der Verfasser würden vermuten lassen.

3) Eigentümlichkeiten allgemeiner Art: Hier mag zunächst die häufige Wiederkehr derselben Reimwörter in derselben Strophe hervorgehoben werden, eine dichterische Unbeholfenheit, deren sich Douglas selten schuldig macht, z. B. *brocht* : nocht : *brocht* : socht 112, 10; *beir* : weir : deir : for*beir* 102, 26; *caus* : *caus* 108, 9; *cum* : ouer*come* 111, 18; *dunt* : *dynt* 105, 5; *fow* : bow : *fow* : ȝow 118, 10; *fure* : pure : creature : *fure* 94, 26; *rest* : vn*rest* : drest : lest 96, 26; will : *till* skill : *till* 99, 24.

Eine beliebte Wendung im K. H., die Douglas nicht hat, ist ferner *withoutin brag or schoir* 98, 24; *withoutin outher brag, or bost, or schore* 90, 16; *with brag and mekle bost* 93, 8; *with brag and bost* 99, 13.

Schliesslich sind noch einige flexivische Neubildungen des K. H. zu beachten, z. B. *ke(i)pit* 86, 19; 114, 2; 114, 27; 115, 14 statt *kept*; *fleyit* (P. P. zu *fle*, ae. *flégan* erschrecken) 94, 19; *teichit* (*tǽcan*) : *preichit* 86, 6 und im Versinnern 87, 6. Douglas hat dafür *taucht*. Die ebenso wie *keipit* neugebildete Praeteritalform *sleipit* 95,14 ist wohl auf Rechnung des Schreibers zu setzen. Der Dichter muss, wie aus dem Versmass hervorgeht, das Wort einsilbig gesprochen haben.

So hat sich eine ganze Reihe von Verschiedenheiten zwischen der Sprache des K. H. und der des Douglas ergeben, Verschiedenheiten, die sich auf den Lautstand, Wortschatz, auf stilistische Wendungen und Flexion erstrecken. Alle diese Punkte können das bereits von Horneber ausgesprochene Urteil nur bestätigen und verstärken, dass nämlich dem Bischof Douglas die Autorschaft des K. H. abzuerkennen ist.

Es möge mir schliesslich noch gestattet sein, auch an dieser Stelle Herrn Prof. Dr. Brandl für die Anregung zu dieser Arbeit sowie Herrn Prof. Dr. Koeppel für die sorgsame Unterstützung bei ihrer Ausführung meinen verbindlichsten Dank auszusprechen.